U0226914

— 物理科普简说译丛 —

The Laws of Thermodynamics: A Very Short Introduction

简说热力学定律

〔英〕彼得·阿特金斯（Peter Atkins）著

董家奇 徐洪亚 黄亮 译

图书在版编目（CIP）数据

简说热力学定律 / （英）彼得·阿特金斯 (Peter Atkins) 著 ; 董家奇, 徐洪亚, 黄亮译. 兰州 : 兰州大学出版社, 2024. 7. -- (物理科普简说译丛 / 刘翔主编). -- ISBN 978-7-311-06683-3

Ⅰ. O414.11-49

中国国家版本馆 CIP 数据核字第 202425RW12 号

责任编辑　冯宜梅
封面设计　汪如祥

书　　名　简说热力学定律
作　　者　〔英〕彼得·阿特金斯(Peter Atkins)　著
　　　　　董家奇　徐洪亚　黄　亮　译
出版发行　兰州大学出版社　(地址:兰州市天水南路222号　730000)
电　　话　0931-8912613(总编办公室)　0931-8617156(营销中心)
网　　址　http://press.lzu.edu.cn
电子信箱　press@lzu.edu.cn
印　　刷　陕西龙山海天艺术印务有限公司
开　　本　880 mm×1230 mm　1/32
印　　张　3.875(插页4)
字　　数　81千
版　　次　2024年7月第1版
印　　次　2024年7月第1次印刷
书　　号　ISBN 978-7-311-06683-3
定　　价　38.00元

(图书若有破损、缺页、掉页,可随时与本社联系)

总 序

在科技浪潮汹涌澎湃的今日，科普工作的重要性愈发凸显。它不仅是连接深邃科学世界与普罗大众之间的无形之桥，更是培育科技创新人才、提升全民科学素养的必由之路。习近平总书记在给“科学与中国”院士专家代表的回信中明确指出：“科学普及是实现创新发展的重要基础性工作。”这一重要论述，不仅深刻揭示了科普工作在创新发展中的基础性、先导性作用，更为我们指明了在新时代背景下加强国家科普能力建设、实现高水平科技自立自强、推进世界科技强国建设的方向。

兰州大学出版社精心策划并推出“物理科普简说译丛”，正是基于这样的深刻认识，也是对习近平总书记这一重要论述的积极响应和生动实践。

这套译丛选自牛津大学出版社的“牛津通识读本”系列，我们翻译了其中五本物理学领域的经典之作——《简说放射性》《简说核武器》《简说磁学》《简说热力学定律》和《尼尔斯·玻尔传》。这是一套深入浅出的物理科普著作，它将物理学的基本概念、原理和前沿进展呈现给读者。我们希望读者不仅能够获得知识，更能够感受到科学探索的乐趣，了解物理学在现代社会中的重要作用，了解物理学不只是冰冷的公式和理论，它还与我们的日常生活息息相关，影响着我们观察世界的方式。

翻译这样一套丛书，既是一种挑战，也是一次难得的学习经历。在翻译过程中，我和我的同仁们——兰州大学物理科学与技术学院的师生，深感责任重大。物理术语的准确性、概念的清晰表达以及文化的差异，都是我们在翻译时必须仔细斟酌和考虑的问题。我们的目标是尽可能保留原作的精确性和趣味性，同时确保中文读者能够无障碍地享受阅读，并从中获得知识。

我们期待这套译丛能为我们的读者提供一扇窥探物理世界奥秘的窗口，我们也寄希望于为推动科技进步和社会发展贡献一份力量。展望未来，我们将继续秉承“科学普及是实现创新发展的重要基础性工作”的理念，不断加强自身科普能力，推动科普事业向更高水平发展。同时，我们也呼吁更多的科技工作者加入科普工作的行列，共同推动科普事业蓬勃发展。我们相信，在全社会共同努力下，科普事业定将迎来更加美好的明天。

最后，我想向所有为这套书的诞生付出努力、提供支持的同仁和朋友们表达我的感谢。感谢他们为我们在翻译过程中遇到的问题提供了专业解答。在此，我也诚挚地邀请各位读者打开这套书，随我一同踏上一段探索物理世界的精彩旅程。

刘　翔

2024年6月

前　言

在描述宇宙的数百条规律中，隐藏着一些强大的定律，这些就是热力学定律。它们总结了能量本身以及能量在不同物质间传递的性质。我曾犹豫要不要将“热力学”一词放在这本介绍大自然无比重要且令人着迷的内容的短文标题中，因为“热力学”一词意味着这不会是一份轻松的阅读材料。事实上，我也不能假装这将会是一次轻松的阅读体验。然而，当你读完这本薄薄的小册子，你的大脑会得到锻炼，你也会对宇宙中“能量”所扮演的角色有一个更深刻的理解。简而言之，你将知道是什么在驱动着宇宙的运转。

不要认为热力学只是关于蒸汽机的学问，它几乎与一切事物都有关系。热力学的概念确实出现在19世纪，当时蒸汽机是一个热门话题。但是，随着热力学被明确地建立起来，相关的分支被深入研究，人们清楚地意识到，这门学科可以触及非常广泛的领域，从热机、热泵和冰箱的效率，到化学科学的发展，甚至到生命的过程。我们将在接下来的几页纸中逐步了解到这些内容。

这些强大法则包含了四条定律，它们的编号起始于少见且不甚方便的“零”并停在了数字“三”。前两个定律

（热力学第零定律和热力学第一定律）介绍了两个相似却非常神秘的属性，即“温度”和“能量”。第三个定律（热力学第二定律）引入了许多人认为更加难以理解的属性——熵，但我想说明，“熵”的含义其实比常见的“温度”和“能量”更容易理解。热力学第二定律是有史以来最重要的科学定律，因为它说明了为什么任何事情——从物质冷却到思想形成——会发生。第四个定律（热力学第三定律，即绝对零度不可达到）是一个更具技术性的角色，也是它让这个学科变得完整。它确立了一些应用，同时也限制了一些应用。尽管热力学第三定律建立了一道屏障，阻止我们达到绝对零度，即绝对意义上的冷，但我们还是可以看到绝对零度以下那个可以达到的奇异的镜中世界。

热力学是从对宏观物质的观察中发展起来的，有时候这是指像蒸汽机那样“宏观”，并且它在许多科学家相信原子不仅仅是计数手段之前就已经建立。然而，如果我们将热力学中基于观测的数学公式从原子论的角度加以解释，那这门学科将获得极大的丰富。在本书中，我们首先考虑热力学定律在观测层面的内容，然后再潜入宏观物质内部。我们会发现，那些隐藏在原子世界的概念将能进一步阐明热力学定律的含义。

最后，在您撸起袖子开始着手理解宇宙如何运行之前，我需要感谢约翰·罗林森爵士对手稿的两处详细评论。他的学术建议对我非常有帮助，但如果错误依然存在，那一定是因为我不赞同他。

目录

第一章

热力学第零定律

温度的概念

热力学第零定律是事后才被想到的。虽然人们早就知道这条定律对于热力学的逻辑结构至关重要，但直到20世纪初它才被正式命名和编号。此时，热力学第一定律和第二定律已经深入人心，不可能再对它们重新进行编号。正如下文所述，每条热力学定律都是基于大量的实验所抽象出的规律，并引入了一个热力学属性，而第零定律确立的则是人们最为熟悉但实际上也最为神秘的属性——温度。

像其他很多科学一样，热力学的术语也常常来自已经被赋予了精确含义的日常语言。也许有人会认为这是对日常用语的“劫持”。在这份热力学简介中，我们将看到上述这种情况，甚至在我们刚刚进入热力学领域时就会遇到。在热力学框架下，整个宇宙中我们所关注的部分被称为“系统”。系统可以是一个铁块、一杯水、一台发动机、一个人，甚至也可以是这些实体的一部分。宇宙中的其他部分被称为“环境”。我们站在环境中观察系统并推断其属性。环境可以只是一个恒温的水浴，但这只是对真实环境的一种可控的“近似”。系统和环境共同构成了宇宙。对于我们来说，宇宙往往意味着所有的事物，但对于一个“节俭的”热力学家而言，“宇宙”可能只是一杯水（系统）浸没在水浴（环境）中。

系统由其边界确定。如果物质可以被添加或从系统中移除，则称其为开放系统，例如，一个水桶或一只开口烧瓶，因为我们可以直接向里面加入物质。如果系统的边界对于物质而言是不可穿透的，则称其为封闭系统，例如密封的瓶子就是一个封闭系统。如果系统的边界会阻隔任何事物（包括能量），也就是说无论环境发生什么变化，系统都不受到影响，这种系统被称为孤立系统。放在插好塞子的真空瓶中的热咖啡就是一个很好的近似的孤立系统。

系统的性质取决于其所处的环境条件。例如，气体的压强取决于其所占据的体积。如果系统的边界是可变的，我们就可以观察到改变体积对压强的影响。这里的“可变边界”最好理解为：系统的边界在大部分区域是固定不变的，但是有一部分区域是可以移动的，例如活塞。

系统的物理性质可分为两类。一类具有广延性，称为广延量，其取决于系统中物质的数量，即系统的广度。系统的质量和体积都是广延量。例如，2 kg的铁占据的体积是1 kg铁的两倍。另一类则具有强度属性，即强度量，其与物质的数量无关，例如温度（这里暂且不论它是什么）和密度。从被搅拌均匀的热水箱中取出的水，它的温度不受样品多少的影响。例如，铁的密度为8.9 g/cm^3，无论是1 kg的铁块还是2 kg的铁块，它们的密度都是一样的。随着我们展开对热力学的学习，我们会遇到很多广延量和强度量的例子，将两者区分开来对我们的学习将会很有帮助。

平衡态

现在我们已经了解了这些略显陈旧的定义，接下来我们将使用活塞——一个局部边界可被移动的系统——引入一个重要的概念：平衡。这是介绍神秘的温度和热力学第零定律的基础。

假设我们有两个封闭的系统，边界都是刚性的，每个系统都有一个活塞（图1）。这两个活塞通过一根刚性杆连接，这样一个活塞向外移动时，另一个活塞便会向内移动。当我们松开两个活塞上的插销，如果左边的活塞将右边的活塞推向右侧系统，我们可以推断出左边的压力高于右边，即便我们没有直接测量这两个容器内的压力；如果右边的活塞“获胜”，那么我们就会推断右边的压力高于左边；如果释放插销时什么都没有发生，那么我们就可以推断出两个系统的压力相同，而无论它们的压力具体是多少。压力相等在技术上表述为力学平衡。热力学家们通常会对这种不发生变化的情况非常感兴趣。同时，这种平衡条件在我们介绍热力学定律的过程中也将变得越来越重要。

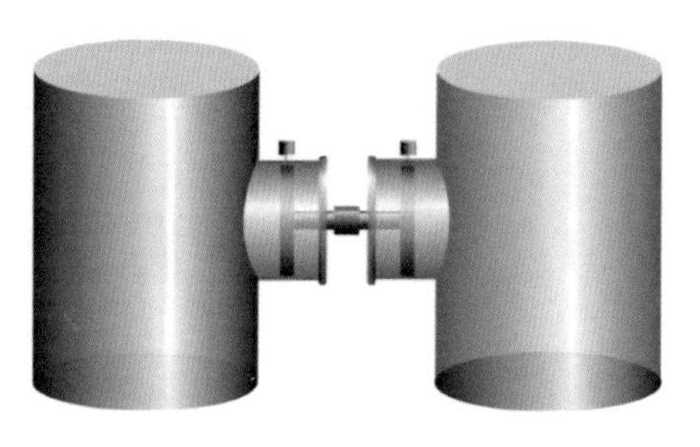

图1　力学平衡示意图①

如果这两个容器中的气体压力不同，当插销释放时，活塞会朝某个方向移动，直到两个系统的压力相等。这时两个系统处于力学平衡状态。如果一开始这两个系统的压力就相同，插销拔出时活塞就不会发生移动，因为两个系统已经处于力学平衡状态。（图上标记的插销和活塞管径相同）

我们需要了解力学平衡的另一方面：力学平衡图像在这个阶段似乎微不足道，但我们可以用它建立的类比关系引入温度的概念。假设我们让A和B两个系统彼此接触，且插销被释放时，这两个系统达到了机械平衡，那么它们具有相同的压力。现在我们断开它们之间的连接，并将系统A和第三个带活塞的系统C连接在一起。如果我们没有观察到活塞位置有任何变化，那么我们能推断出系统A和系统C处于力学平衡状态，可以认为它们具有相同的压力。现在假设我们断开这个连接，并让系统C与系统B连接在一起。即使不真的进行实验，我们也知道会发生什么——活塞不会移动。因为系统A和系统B具有相同的压力，系统A和系统C具有相同的压力，我们可以确定系统C和系统B也具有相

① 译者注：图名由译者标注，后图同。

同的压力。压力是力学平衡的普适指标。

现在我们从力学转向热力学和第零定律。假设系统A和B都有由金属制成的刚性器壁，当我们将这两个系统接触在一起时，它们可能会经历某种物理变化。例如，它们的压力可能会发生变化，或者我们可以通过窥视孔看到颜色的改变。在日常语言中，我们会说"热量从一个系统流向另一个系统"，相应地，系统的属性发生了变化。但是，千万不要认为我们已经知道了什么是热量——热量的概念是热力学第一定律的一部分，而现在我们甚至都还没有涉及第零定律。

当两个有着金属器壁的系统接触时可能不会发生任何变化——这里我们不考虑其他传热过程。在这种情况下，我们称这两个系统处于热平衡状态。借鉴我们讨论机械平衡的例子，现在模拟三个系统（图2）。如果将系统A与B接

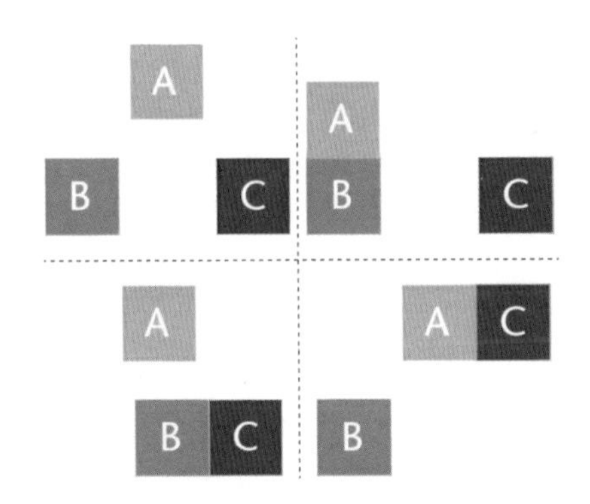

图2 第零定律的一种模拟表示

第零定律的一种表示涉及三个可以进行热接触的系统（左上图）。如果发现系统A与B处于热平衡状态（右上图），并且系统B与C处于热平衡状态（左下角），那么我们可以有信心地认为系统A与C接触时也会处于热平衡状态（右下图）。

触时发现它们处于热平衡状态，而将系统B与C接触也发现它们处于热平衡状态，那么，当系统C与A接触时，我们也将观察到它们处于热平衡状态。这个相当平凡的观测结果是热力学第零定律的核心内容：

如果A与B处于热平衡状态，B与C处于热平衡状态，那么C与A也处于热平衡状态。

压力作为一种物理属性，让我们能够预测系统接触后是否处于力学平衡，而无论系统的组成和尺寸如何。热力学第零定律也暗示了存在某种属性，使我们能够预测两个系统是否处于热平衡，而无论系统的组成和大小如何。我们称这种普适属性为“温度”。现在我们可以将三个系统之间的相互热平衡简单地表述为它们具有相同的温度。这里我们并没有声称我们知道温度是什么。我们只是认识到第零定律暗示存在一个判断热平衡的标准：如果两个系统的温度相同，则它们是热平衡的。当它们通过能导热的器壁相互接触时，周围的观察者将惊讶地发现，它们没有发生任何变化。

现在我们可以向热力学词汇中再添加两个概念。将可以相互接触的封闭系统发生状态变化的刚性壁（即在第二章中所说的能够传导热的器壁）称为导热壁（diathermic，来自希腊语，具有“通过”和“温暖”的含义）。通常，导热壁是由金属制成的——但其实任何导热材料都可以。平底锅等都是导热容器。如果相互热接触的系统没有发生任何变化，则要么它们温度相同，要么（如果我们知道它们温度不同）接触部分的器壁是绝热的（热量不可透过）。如果整个器壁都能够隔热就称为绝热系统，例如真空瓶或嵌入泡沫状聚苯乙烯中的系统。

热力学第零定律是温度计存在的基础。温度计是测量温度的一种设备，它是我们之前的讨论中提到的一个特殊的系统B。当它与具有导热壁的系统接触时，它的属性可能会发生变化。典型的温度计利用了汞的热膨胀效应或其他材料电性能的变化。因此，如果有一个系统B（温度计），我们观察到它与系统A接触不会发生变化，然后我们将温度计与系统C接触时也发现它仍然没有变化，那么我们可以说系统A和系统C处于相同的温度。

温度有几种标准尺度（温标）。它们的建立基本上属于热力学第二定律的领域（见第三章）。虽然，严格意义上我们在讲到第二定律之前可以不引入温标，但这样做太过繁琐，毕竟每个人都听说过摄氏温标（摄氏温度）和华氏温标（华氏温度）。以瑞典天文学家安德斯·摄氏（Anders Celsius，1701—1744年）的名字命名的摄氏度标尺定义：水结冰时是100 ℃，水沸腾时是0 ℃。这与目前的版本正好相反（0 ℃时结冰，100 ℃时沸腾）。德国仪器制造商丹尼尔·法伦海特（Daniel Fahrenheit，1686—1736年，华氏）是第一个在温度计中使用水银的人——他将0度定义为使用盐、冰和水的混合物达到的最低温度，并将他的体温设定为100度。这是一个方便但不可靠的标准。在这个温标上，水的冰点是32 °F，沸点是212 °F（图3）。

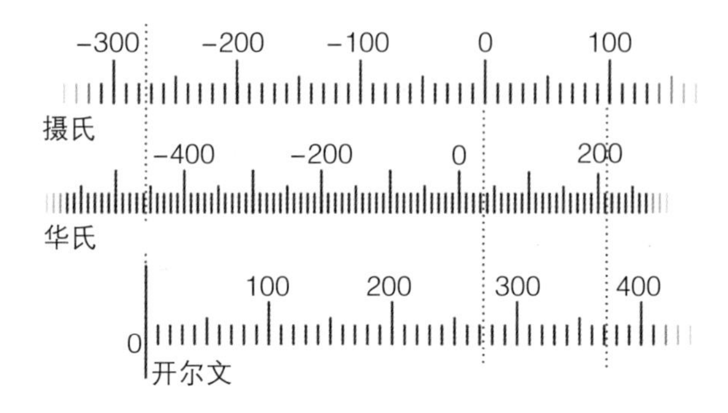

图3　三种常见的温度标准尺度（温标），
以及它们之间的关系
左边的垂直虚线显示了宇宙中最低的可能温度；
右边的两条虚线分别显示了水的冰点和沸点。

华氏温标短暂的优势在于，在当时的原始技术下，人们几乎不会使用到华氏温度的负值。但正如我们将看到的：宇宙中存在一个绝对的零温度，这是一个不能被跨越的零点。负温度是没有意义的，只在特定场合（如布居数反转，即高能级上占据的粒子比低能级更多，见第五章）具有某种形式上的含义。这并不是时代对技术的局限。因此，对于测温而言，很自然地将这个最低的零点设置为了0温度，并将这种绝对温度称为热力学温度。本书中热力学温度用符号T表示，其中绝对温度$T = 0$对应于最低的可能温度。最常见的热力学温度标准尺度是开尔文温标，它使用与摄氏温标相同大小的单位间隔（单位是“开尔文”，用K表示）。在这个温标上，水在273 K（即在绝对零度以上273个单位间隔为摄氏度的0度，在开尔文温标上不使用度数符号）结冰，并在373 K沸腾。换句话说，绝对零度位于-273 ℃。极少数情况下，我们会遇到兰金温标，其使用了与华氏温标单位大小相同的度数来表示绝对温度。

分子世界

在前三章中，我将从外部观察者的视角引入系统的热力学属性。这里将通过展示这些属性是如何由系统内部的运作方式导致的，来丰富我们的理解。我们所谈论的系统的内部是指以原子和分子为单位组成的结构，这在古典热力学中是陌生的概念，但它深化了我们对这些概念的认识，而科学就是由这些深刻见解构成的。

作为热力学的一部分，古典热力学出现于19世纪，当时人们还不完全相信原子是真实存在的，也不认为它与物体性质有关。即使不相信原子论，也可以研究古典热力学。到19世纪末，大多数科学家接受了原子是真实存在的而不仅仅是一种计数单位。此时出现了被称为“统计热力学”的热力学版本，它试图从其组成原子的角度解释物质宏观的性质。上述的“统计”来自，我们在讨论物质宏观性质时，不需要考虑每个原子的行为，而只要考虑无数原子的平均行为。例如，气体的压力来自其分子对容器壁的撞击，但是，要理解和计算这种压力，我们不需要计算每个分子的贡献——我们只需要关注容器壁上分子风暴的平均效果。简而言之，动力学是处理单个个体的行为，热力学则是研究大量个体的平均行为。

在本章范围内，统计热力学的核心概念是路德维希·玻尔兹曼（Ludwig Boltzmann，1844—1906年）在19世纪末推导出的一个表达式。之后不久他便自杀了，其中部分原因是，他无法忍受一些对原子论持怀疑态度的同事对他观点的反对。就像热力学第零定律从物质宏观性质的角度引入温度概念一样，玻尔兹曼推导出的表达式从原子角度引入了温度概念，并阐明了其含义。

为了理解玻尔兹曼给出的表达式的本质，我们需要知道一个原子只能处在一些特定的能量状态下。这属于量子力学的范畴，我们不需要了解该学科的细节，只需要知道这个简单的结论。在给定的温度下，“一块物体”是处在不同能量值（能级）上的原子集合，其中一些原子处于它们的最低能量状态（基态），一些原子处于能量更高的能级。随着能级能量值的增加，处于高能级上的原子数量逐渐减少。当不同能级上的原子数量稳定下来进入“平衡”分布时，虽然原子会继续在能级间跳跃，但占据数不会有净变化。最终，不同能级的原子数量可以从能级的能量值和单一参数β中计算出来。

另一种思考这个问题的方式是，想象墙面上固定了一系列高度不同的架子，这些架子代表了允许的能量状态（也就是存在的能级），它们的高度代表了能量值的大小。能量的本质是无关紧要的：它们可能对应于原子的平移、旋转或振动等运动。然后我们想象向架子上扔小球（球代表原子），并注意它们会落在哪一层架子上。结果发现，在总能量确定的情况下，大量投掷小球后最可能的分布（落在每层架子上球的数量），可以用单一的参数β来表示。

原子（或分子）在允许的能级中分布的精确形式，或者小球在架子上的分布，被称为玻尔兹曼分布。这个分布是如此重要，以至于我们需要展示它的具体形式。为了简化，我们用能量为E的原子数与能量为0（最低能级）的原子数之比表示玻尔兹曼分布：

$$\frac{\text{能量是}E\text{的原子数}}{\text{能量是0的原子数}} = \mathrm{e}^{-\beta E}$$

我们可以看到，随着能级逐渐升高，粒子的数量会呈指数减少：也就是架子高层上球的数量比低层上少。我们还看到，随着参数β增大，除基态外其他能级上的原子数量会相对减少，小球下沉到较低层的架子上。但分布函数（描述粒子在不同能级占据或布居的概率）依然保持指数形式，高能级上球的数量显著减少，而且随着能量增加，数量减少得更快。

当使用玻尔兹曼分布计算一群分子集合体的性质时，例如气态样品的压力，你会发现参数β等于（绝对）温度的倒数。具体而言，$\beta = 1/(kT)$，其中k是非常重要的基本常数，被称为玻尔兹曼常量。为了让β与开尔文温度T建立联系，k的值确定为1.38×10^{-23} J/K。能量单位J（焦耳）的意思是：$1\,\mathrm{J} = 1\,\mathrm{kg \cdot m^2 \cdot s^{-2}}$。我们可以将1 J视为2 kg球以1 m/s

速度运动时具有的能量（动能）。人类心脏每次跳动约消耗1J的能量。这里重点是，β与$1/T$成比例，即温度升高，β减小，反之亦然。

这里有几点值得强调。首先，玻尔兹曼分布的重要性在于揭示了温度的分子含义——温度是一个参数。它告诉我们平衡态系统中分子占据所有可能状态的最概然分布。当温度很高（β很小）时，很多状态有可观的占据数；当温度很低（β很高）时，只有靠近最低能量的状态才会有大量原子（分子）占据（图4）。无论实际中分子数量多少，它们总是遵循玻尔兹曼公式所给出的指数分布。在我们向架子上扔球的类比中，低温（β大）对应我们轻轻地将球扔向架子，只有最低的那些位置被占据。高温（β小）对应于我们用力地将球扔向架子，因此，高处的架子上也会出现不

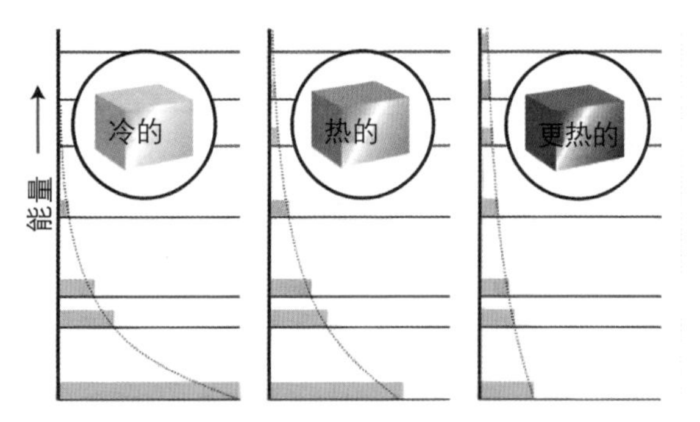

图4　玻尔兹曼分布

玻尔兹曼分布是一个随能量指数衰减的函数。温度是这个函数的参数。随着温度的升高，粒子从低能级向高能级迁移。在绝对零度时，只有最低能量的状态被占据；在无限高温时，所有状态会被平等地占据。

少小球。总体而言，温度是一个参数，它表征了平衡态系统中原子（分子）在不同能级上的相对占据数。

第二点，β是比温度T本身更自然的表示温度的参数。我们将在后面看到，绝对零度（$T = 0$）无法在有限步骤内达到，这可能令人困惑，但无限大的β值（$T = 0$对应的β值）在有限步骤内不可达到的结论，看着就不那么令人惊讶了。虽然β是更自然的温度表达方式，但它并不适合日常使用。例如，水在0 ℃（273 K）时结冰，对应的是$\beta = 2.65 \times 10^{20}\ J^{-1}$，水在100 ℃（373 K）时沸腾，对应$\beta = 1.94 \times 10^{20}\ J^{-1}$。这些表达非常拗口，在表示气温时也是如此，例如较冷的气温10 ℃对应了$\beta = 2.56 \times 10^{20}\ J^{-1}$，而暖和的天气20 ℃对应的则是$\beta = 2.47 \times 10^{20}\ J^{-1}$。

第三点是基本常量k的存在和具体数值。这仅仅是由于我们坚持使用传统温标而不是使用更基础的β来表示温度的结果。华氏、摄氏和开尔文温标是我们走入的歧途——温度的倒数，即基本物理量β，作为一种温度度量更有意义、更自然。然而，由于历史因素，以及简单数字（如0和100，甚至32和212）在我们文化中的深刻烙印，抑或仅仅是日常使用中的便利性，β都不大可能被人们所普遍接受。

虽然玻尔兹曼常量k通常被列为基本常量，但实际上它只是对一个历史错误的修复。如果路德维希·玻尔兹曼的研究早于法伦海特和摄氏的工作，那么人们就会发现，焦耳分之一是温度的自然度量单位。我们可能已经习惯于用焦耳分之一来表示温度。温度越高焦耳分之一值越小，而温度越低焦耳分之一值越高。然而，现有的习惯已经确立，

“暖”的系统比“冷”的系统温度值高，并且人们引入了玻尔兹曼常量k，通过$k\beta = 1/T$将基于β的自然温标与其他基于T且人们习惯到根深蒂固的温标进行对标。因此，玻尔兹曼常量仅仅是一个转换因子，它关联了一个确立已久的传统温标和一个事后看来更自然的温标。如果人们能够在测温中习惯使用β，那么玻尔兹曼常量就不是必需的了。

我们已经确立了温度（特别是β）作为一个参数来表征原子或分子在它们可用的能量状态上的平衡分布。在思考这种联系时，理想气体是最简单的系统之一。我们可以将理想气体想象成一个混乱的分子群体，有些气体分子运动快，有些运动慢。它们沿直线运动，直到一个分子与另一个分子相撞，速度大小和方向在碰撞后发生改变；而其中一些分子如暴风骤雨般撞击到器壁，产生了我们所谓的气压。气体是混沌运动分子的集合（事实上，词语“气体”和“混沌”来自同一词根），分子的空间分布和速度分布都是无序的。每个分子速度都对应了确定的动能，因此，玻尔兹曼分布可以用于表示分子在其可能的平动能量状态上的分布，也就是分子的速度分布，并且该速度分布是与气体温度有关的。这个速度分布的表达式称为麦克斯韦—玻尔兹曼速度分布，由詹姆斯·克拉克·麦克斯韦（James Clerk Maxwell，1831—1879年）以稍微不同的方式首次推导得到。实际计算时会发现，分子的平均速度随着绝对温度的平方根增大而增加。在温暖的日子里（25 ℃，298 K），空气分子的平均运动速度比寒冷日子（0 ℃，273 K）里的空气分子运动速度快4%。因此，我们可以认为温度是反应气体分子平均速度的指标。高温对应了更快的分子平均速度，而低温则意味着较慢的平均速度（图5）。

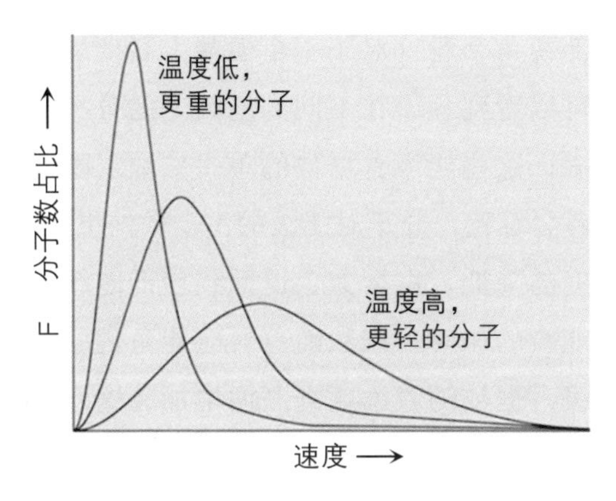

图5　麦克斯韦-玻尔兹曼速度分布

不同分子质量和温度下，气体分子的速度服从麦克斯韦-玻尔兹曼分布。请注意，轻分子的平均速度高于重分子。该分布会对行星大气的组成产生影响，因为轻的气体分子（如氢和氦）可能会因此逃逸到太空中。

一段话总结

这里我们做个简要总结。从外部观察者的视角，也就是在周围环境中的观察者看来，温度是一种表明系统是否处于热平衡状态的属性——当封闭系统通过导热边界相互接触时，如果它们的温度相同，则它们处于热平衡状态；否则，就会出现相应的状态变化，直到它们的温度达到平衡。从内部视角来看，对于一个微观上高度敏锐的观察者来说，他可以看到分子在不同的能级上的分布情况，温度就是能够表征这些能级占据数的单一参数。随着温度的升高，观察者会看到，分子对能级的占据数向更高能级扩散，而随着温度的降低，占据数会退回到较低能级上。在任何温度下，能级的相对占据数随着对应能量的增加呈指数减少。高能级占据数随着温度升高而增加，这意味着越来越多的分子的运动（包括旋转、振动）变得更加剧烈。对于固体中被困在自己位置周围的原子，其在平均位置附近也会振动得更加剧烈。混乱与温度是密不可分的。

第二章

热力学第一定律

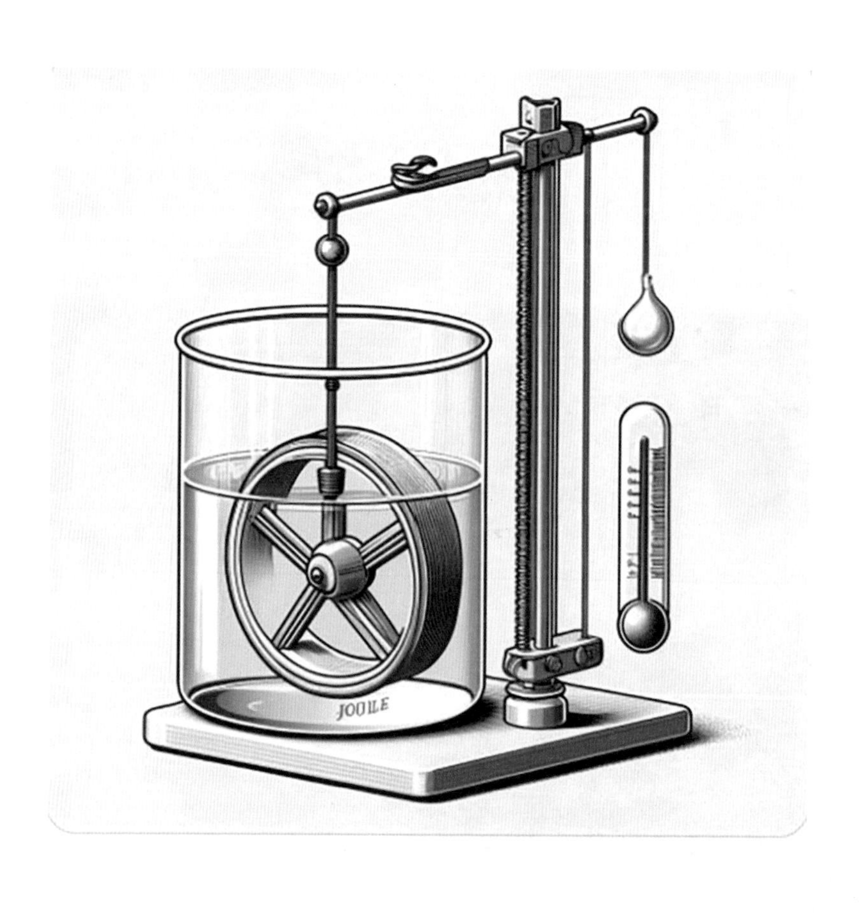
JOUILE

能量守恒定律

热力学第一定律通常被认为是最容易理解的。因为它是能量守恒定律的推广，即能量既不能被创造也不能被摧毁。换而言之，无论宇宙开始时有多少能量，最终也只会有那么多。但是，热力学是一门非常微妙的科学，第一定律比上面这句话所直接表述出来的要有趣得多。此外，正如热力学第零定律引入并澄清了“温度”的含义，热力学第一定律也推动引入并且帮助澄清了“能量”这个难以捉摸的概念。

一开始，假设我们没有任何关于“能量”这种属性的提示，就像在介绍第零定律时，我们没有预先假定任何会被称为“温度”的东西。然后发现作为热力学定律的一个推论，温度的概念是必须的。这里需要假设的是，我们已经掌握了力学和动力学中的一些基本概念，比如质量、重力、力和功，而我们将以对“功”的理解作为基础展开这个演示。

功意味着克服反向力的运动。当我们克服向下的重力而提升一个物体时，我们就在做功。所做功的量取决于物体的质量、物体受到的重力大小以及物体被提升的高度。

有时候，你自己也可以是被提升的物体，例如爬梯子时，你的爬升运动同样也是做功，所做的功与你的体重以及爬升的高度成正比。另外，当你逆风骑车时，你也在做功，所做的功取决于风的强度和你骑行的距离。拉伸或压缩弹簧时，你做功的量取决于弹簧的强度和被拉伸或压缩的距离。

所有做功都可以等价于抬起重物。考虑拉伸弹簧做功的过程，我们可以将拉伸的弹簧连接到滑轮和重物上，观察弹簧恢复到自然长度时，重物被提升的高度。在地球表面上，将质量为m（例如50 kg）的物体提升到高度h（例如2.0 m）所做功的大小，可以根据公式mgh计算。其中g是一个常数，称为自由落体加速度（或重力加速度），在海平面上重力加速度约为9.8 m/s^2。将50 kg重的物体提升2.0 m需要做的功为980 $kg \cdot m^2 \cdot s^{-2}$。正如我们在第13页所看到的那样，“千克・米^2・秒$^{-2}$”这种奇怪的单位组合被称为焦耳。因此，爬升2.0 m，我们大约需要做980 J的功。

做功是热力学的重要概念，特别是对于热力学第一定律。任何系统都具有做功的能力。例如，一个被压缩或拉伸的弹簧的做功，像我们前面提到的，它可以用来提升重物。电池也可以做功，因为它可以连接到电动机上，从而用来提升重物。通过作为某种引擎的燃料，煤块在空气中燃烧也可以做功。当我们用电流驱动加热器时，我们在对加热器做功，因为同样的电流也可以驱动电动机提升重物。这里为什么称“加热器”而不是“做功器”，这要在后面介绍了“热量”的概念之后才能解释清楚。

随着热力学中主要概念“功”的提出，我们需要一个术语来表示系统做功的能力——这种能力被称为“能量”。一个完全拉伸的弹簧比一个只略微伸展的弹簧具有更强的做功能力，因为完全伸展的弹簧比略微伸展的弹簧具有更高的能量。一升热水的做功能力比一升冷水的做功能力更强，也是因为一升热水比一升冷水具有更多的能量。在这个背景下，能量并不神秘——它只是系统做功能力的一种度量，而我们已经对“做功”一词的含义非常清楚了。

不依赖路径

现在我们将这些概念从动力学扩展到热力学。假设我们有一个封闭在绝热容器内（不存在热接触）的系统——在第一章中我们利用热力学第零定律确立了“绝热”的概念，因此，我们并没有引入未定义的术语。在实践中，“绝热”意味着一个能阻隔热量传递的容器，比如一个品质很好的保温瓶。我们可以通过使用温度计来监测瓶内物质的温度——温度计是由第零定律引入的一个概念。因此，我们仍然处于稳固的基础之上，现在我们进行一些实践。

首先，我们用一个由下落重物驱动的搅拌器来搅拌保温瓶内的物质（即系统），并注意记录搅拌带来的系统温度变化。这个实验正好是热力学奠基人之一焦耳（Joule，1818—1889年）在1843年后的几年中所做的。通过测量重物的重量和下落的距离，我们可以知道这一过程中做了多少功。之后我们去掉绝热层并让系统恢复到原来的状态。在重新安装绝缘材料之后，我们在系统中放置一个加热器，并通电使其工作一段时间，使得电流所做的功与下落的重物所做的功相同。为了确定电流的做功量，我们将用相同的电流驱动电机提升重物，通过记录通电时间与提升重物高度之间的关系，给出电流在通电时间内所做的功。这个实验以及其他类似实验得出的结论是：无论怎样对系统做功，相同做功量都会给系统带来相同的状态变化。

这个结论就像通过各种不同路径攀登一座山，每条路径对应着一种做功方式。只要我们从同一起点出发，到达同一目的地，不管选择哪个路径我们都将攀登相同的高度。也就是说，我们可以给山上的每个点附上一个数字（海拔高度），通过起点和终点的海拔高度差值计算我们攀登的高度，而无需知道具体的攀登路径。对于我们的系统也是如此：状态改变与路径无关的事实意味着，我们可以将一个数字（我们称之为“内能”，符号U）与系统的每个状态相关联。然后，我们可以通过计算内能的终值和初值之差来获得在两个状态之间转变所需的功，即所需的功=U(终态)−U(初态)（图6）。

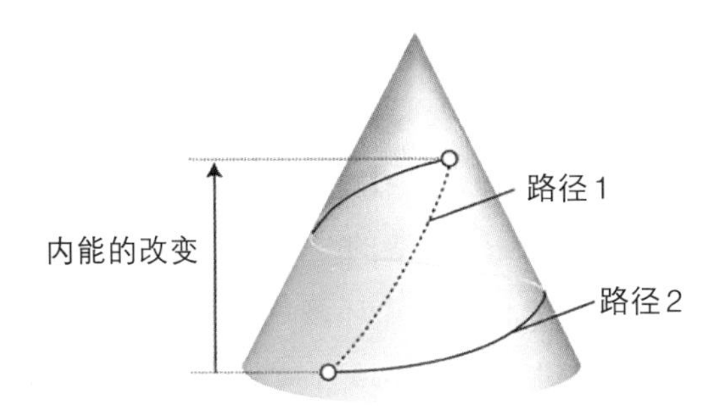

图6 内能改变的路径无关性示意图

用不同的方法对系统做功，在系统的两个状态端点确定后，改变系统状态所需的做功量相同。类似于上山走不同的路径，海拔变化却相同。这预示了存在一种被称为“内能”的属性。

在一个绝热系统中，我们观察到，从一个给定状态转变到另一个给定状态所需的做功量与路径无关（请记住，在这个阶段系统是绝热的），这使我们意识到系统存在一种衡量其做功能力的属性。在热力学中，如果一种属性只依赖于系统当前的状态而不依赖实现该状态的方式（就像地理学中的海拔高度一样），就被称为状态函数。因此，上面观察到的现象促使我们引入被称为“内能”的状态函数。当前阶段我们可能还不理解内能的物理本质，就像我们在介绍第零定律中第一次遇到温度时，我们也不理解温度的本质。

我们还没有到达热力学第一定律，无论是字面意义上还是比喻意义上，这需要做更多的“功”。让我们继续考虑同样的系统，但是这一次去掉保温材料使其不再是绝热的。假设我们再次进行搅拌操作，从相同的初始状态开始，并持续搅拌，直到系统达到与之前相同的最终状态。我们发现，达到这一终态需要的做功量发生了变化。

通常情况下，我们会发现现在需要比绝热情况时做更多的功。我们得出结论，内能可以通过其他方式改变而不只是做功。对这种额外改变的一种解释是：我们在搅动物质时所做的功导致了系统和环境的温度差异，由于温差，能量从系统转移到了周围环境。这种由于温度差异而导致的能量传递称为“热量”。

可以对流入或流出系统的热能进行非常简单的测量。首先，我们需要测量在绝热系统中实现一定变化所需的功；然后，再测量与环境热接触的系统（去除了绝热层）实现同样状态变化所需的功；最后，计算两个值的差。这个差值就是作为热传递的能量。值得注意的是，这里对“热量”的测量可以看作是一个纯力学问题，即比较在两种不同条件下，实现一定状态改变所需要重物下落的高度差（见图7）。

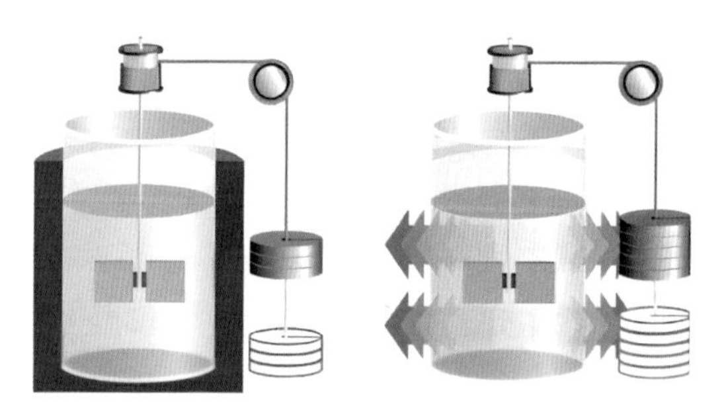

图7 热的力学定义示意图

当一个系统是绝热的（左图），为实现一定的状态变化需要做确定数量的功。而当相同的系统在非绝热容器（右图）中发生相同的状态变化时，需要做更多的功。这两种情况之间的做功差值等于以热的形式流失的能量。

我们已经非常接近第一定律了。假设我们有一个封闭系统，并利用它来做功或者让它以热的形式释放能量，那么系统的内能就会下降。然后我们将系统与周围环境隔绝任意长时间，当我们再回到系统时总能发现它的做功能力（即内能）没有恢复到原来的值。换句话说，孤立系统的内能是恒定的。这就是热力学第一定律，至少是其中的一种表述方式，因为这个定律有许多等价的表述形式。

另一个普遍法则是有关人性的：可能获得无尽财富的前景会激励欺骗行为。如果在某些条件下发现热力学第一定律不成立，那么人类的财富和福利将能够得到无尽的增长。如果发现绝热封闭系统可以在内能没有减小的情况下做功，也就是第一定律将不再成立，我们就可以实现永动机——不需要消耗燃料就能做功。尽管付出了巨大的努力，但永动机从未被实现。当然，也有很多声称实现了永动机的人，但他们都涉及一定程度的欺骗。现在，专利办公室已经不再考虑永动机的专利申请，因为热力学第一定律被认为是不可打破的，不值得花费时间或精力调查违反第一定律的报道。在科学中，特别是在技术领域，在有些情况下持保守态度是有道理的。

热是一种传递的能量

在我们结束热力学第一定律介绍之前，我们需要进行一些澄清说明。首先是术语“热”的使用。在英文中，“热”（heat）既是名词又是动词，热会流动，我们能加热食物。但在热力学中，它既不是一种能量形式，也不是某种流体或任何其他实体，热是通过温度差异进行的能量传递，热是一种对过程的命名，而不是实体的名称。

日常语言中，说热量从这里流向那里，或者说给一个物体加热，是非常易懂的。如果我们坚持精确地使用“热”这一词，对话将会变得枯燥无味。因为第一个例子中，日常用法来源于，将热视为一种实际流动的流体，它可以在不同温度的物体之间流动。这种强有力的形象深深印刻在我们的语言中。实际上，对能量沿温度梯度下降方向转移的许多讨论，都可以通过把热视为一种无质量（无形的）流动的流体来进行有效的数学处理。但这本质上只是一个巧合，它并不表示热真的是一种流体。就像消费喜好在人群中的传播也可以通过类似的方式进行描述，但同样并不表示消费喜好是一种实际的流体。

我们应该说能量是以热的形式传递的（意思是由于温

度差异而产生的），但这种说法在重复表达中太过啰唆。为了更精确，“加热”这个动词应该被替换为诸如“我们制造了一个温度差，使得能量沿着一个穿过导热壁的预定方向转移”这样的迂回表述。但是，人生苦短，除非我们需要非常准确的表达，否则，采用随意便捷的日常语言是有利的。我们可以使用日常表述，但请记住这个借用的词应该如何被解释。

热和功：分子视角

在前面的讨论中，你可能已经察觉到了一些含糊不清之处。虽然我们已经强调过不要将热视为一种流体，但在我们使用“能量”这个术语时，仍然存在“流动性”的含义。看起来我们似乎把流体的概念推到了更深的层次。然而，要解决这种看似是表述上的歧义，需要通过在分子层面认识“热”和“功”的本质。通常，探究现象的底层原理可以使其更加清晰明了。在热力学中，我们总是通过对环境的观察来区分能量的传递方式：系统对其获得或失去能量的过程是不加区分的。我们可以将系统看作是一个银行，资金可以以两种货币存入或取出，但在银行系统内是不区分其资金类型的。

首先是功的分子本质。从观察的角度我们已经知道，做功相当于提升重物的高度。从分子的角度来看，提高重物就意味着所有原子向同一方向移动。因此，当一个铁块被提起时，所有铁原子均匀向上移动；当铁块被降下来并对系统做功（如压缩弹簧或气体，增加其内部能量）时，所有原子都均匀向下移动。“做功”是利用周围环境的原子均匀一致的运动进行的能量传递（图8）。

图8　分子层面上“功”（左图）和“热”（右图）在传递能量方面的区别

做功会导致周围的原子均匀有序地运动；传热则会刺激它们的无序运动。

关于热的分子本质。在第一章中，我们看到温度是一个参数。它告诉我们在允许的能量状态中，随着温度的升高，更高的能量状态逐渐被更多的原子占据。更形象地说，高温下，组成铁块的原子在它们的平均位置周围激烈振动；低温时，原子会继续振动但幅度更小。如果将一个热的铁块与一个较冷的铁块接触，热铁块边缘激烈振动的原子会推动冷铁块接触面上振动较弱的原子运动得更加剧烈，并通过推挤其邻近原子传递能量。两个铁块都没有净运动，但是通过接触面上的随机碰撞，能量从热的铁块转移到了较冷的铁块。也就是说，“热”是利用周围原子的随机运动进行的能量传递（图8）。

在能量进入系统后，不管是通过利用周围原子的均匀一致的运动（如坠落的重物）还是周围原子的随机振动（热的物体，如火焰），系统都不会记得能量是如何传输的。一旦进入系统，能量就会以构成系统原子的动能（由于运动而具有的能量）和势能（由于位置而具有的能量）的形式存储，并且这种能量既可以作为“热”被提取，也可以是“功”。功和热的差别在于周围环境：系统既没有能量传输方式的记忆，也不关心其储存的能量以何种形式被使用。

对于能量传输方式的“无关性”需要做更深入的解释。例如，一个处于绝热容器中的气体被一块坠落的重物压缩，向内运动活塞的作用就像微观乒乓球游戏中的球拍一样。当气体分子撞击活塞时，这个分子会被活塞加速；然而，当它飞回气体中时，又会与系统中的其他分子发生一系列碰撞，结果是，这个分子增加的动能会迅速耗散到其他分子中，而其他分子的运动方向是随机的。当同一气体样品受热时，周围环境的分子随机碰撞使得气体分子运动得更加剧烈，而导热壁处的分子增加的速度会迅速分散到整个样品中。在系统内，结果是相同的。

现在，我们可以回到之前那个让人有些困惑的说法，即电热器最好被视为电做功器。电热器线圈中的电流是电子的均匀一致运动。电流中的电子与线圈的原子发生碰撞，导致原子围绕其平均位置的振动变得更加剧烈。也就是说，电流对线圈做功，提高了线圈的能量和温度。但是，线圈与系统中的物质处于热接触状态，线圈原子的活跃运动会“激发”系统中的原子运动，也就是电热器的线圈加热了系统。因此，尽管电流对电热器做了功，但这种做功被转化成了对系统加热，此时做功器就变成了加热器。

最后想说的是，对于热和功的分子表述从另一个方面反映了人类文明的崛起。在实现利用燃料做功之前，火就已经出现在人类社会中了。火焰的热量——原子混沌运动能量的不受控释放——很容易被获得；而功是被驯化的能量，需要更先进的技术才能被创造出来。因此，人类轻而易举地掌握了“生火”，却花费了几千年的时间才掌握了蒸汽机、内燃机和喷气式发动机等精密复杂的技术。

可逆性介绍

热力学的创始人是一群富有洞察力的人。他们很快意识到，在说明一个过程是如何进行时必须小心谨慎。虽然我们将要描述的技术细节与我们讨论的热力学第一定律并没有多少直接关系，但它在我们讨论热力学第二定律时是至关重要的。

在第一章中，我提到了科学会“劫持”我们日常熟悉的词语，并为它们的含义添加严格的表述。在这一节中，我们将讨论“可逆”这个词。在日常语言中，“可逆过程”是指可以被反转的过程。例如，车轮的滚动方向可以被反转，因此，理论上一段旅程也可以被反转；通过拔出压缩气体的活塞可以使气体压缩过程反转。在热力学中，“可逆”有着更精确的含义：可逆过程是利用环境参数的无穷小改变导致的过程逆转。

这里的关键词是“无穷小”。我们模拟一个具有一定压力的气体系统，活塞会因为外部较低的压力而向外移动，外部压力的无穷小变化并不会逆转活塞的运动。气体膨胀在口语意义上是可逆的，但在热力学意义上却不是。将一块20 ℃的铁块（系统）浸入到40℃的水中，能量将会以热的形式从水中流向铁块，水温的无穷小改变对热量的流动方向没有影响。在这个例子中，能量以热的形式转移，这在热力学意义上是不可逆的。然而，现在假设外部压力与系统中气体的压力完全相同的情况，正如我们在第一章中看到的那样，系统和其周围环境会处于力学平衡状态。现在，将外部压力增加一个无穷小量，活塞将会向容器内移动一点；将外部压力降低无穷小量，活塞会向外移动一点。我们看到，活塞运动方向的变化是由周围环境的某个属性的无穷小变化引起的，这里的环境属性是压力。在热力学意义上，这种气体膨胀是可逆的。同样地，模拟一个与周围环境处于相同温度的系统，此时，系统和其周围环境处于热平衡状态。如果我们无穷小地降低周围环境的温度，能量将会以热量的形式从系统中流出；如果我们无穷小地提高周围环境的温度，热量将流入系统中。在这种情况下，能量以热的形式转移在热力学意义上是可逆的。

如果气体膨胀在每个时刻都是可逆的，那么气体可以对外做最多数量的功。因此，我们调整外部压力让它与系统中气体的压力相同，然后再将外部环境压力降低无穷小量：活塞将稍稍向外移动，气体的压力因其占据的体积增加而略微下降，最终与外部环境压力保持平衡。然后我们再次将外部压力降低一点点，活塞继续向外移动，气体压力继续下降。这种调节外部压力来降低气体压力的过程一直持续到活塞移动到所需位置。将活塞与重物连接，气体系统将在这一过程中对外做一定量的功，这个量也是系统对外做功量的极限。因为如果在这一过程中的任何阶段增加了外部压力，哪怕压力只增加了无穷小量，活塞也将会向内移动，而不是向外移动。也就是说，通过确保气体膨胀过程在每个阶段都是热力学意义上的可逆，保证了每一次小位移时的力都是最大的，从而系统可以做最多的功。这个结论是普遍适用的：可逆变化可以实现最大功。我们将在接下来的章节中应用这个结论。

焓

热力学家在讨论从系统（如燃料燃烧）中提取热量的数量时也非常巧妙。我们可以通过以下方式了解这个问题。假设我们在一个带有可移动活塞的容器中燃烧一定量的碳氢化合物燃料，燃烧会产生二氧化碳和水蒸气，这些产物会占据比原本燃料和氧气更大的空间，因此，活塞向外移动以容纳产物。这个膨胀过程会做功，也就是说，当燃料在可以自由膨胀的容器中燃烧时，燃烧释放的能量中有一部分被用于做功。如果燃烧发生在具有刚性壁的容器中，燃烧释放的能量相同，但没有能量被用于做功，因为没有发生气体膨胀。换句话说，后一种情况中会有更多的能量以热的形式存在。为了计算第一种情况中产生的热量，我们需要计算为二氧化碳和水蒸气腾出空间所花费的能量，并从总能量中减去这部分能量。即使没有物理活塞，比如，燃料在盘子里燃烧，这种讨论也是正确的。因为气态产物仍然必须为自己腾出空间，尽管这并不容易被观察到。

热力学家们已经发展出一种巧妙的方法，可以在任何变化过程，特别是燃烧时，计算用于做功的能量，而不必针对每种情况都用显式计算功。为此，他们将注意力从系统的内能，即其包含的总能量，转向一个紧密相关的量——焓（符号H）。这个名字来自希腊语中的“内部的热量”，尽管我们强调不存在所谓的“热量”这种物质（它是一种传递过程，而不是一种物质），但是对于谨慎的人来说，这个名字很合适。焓H与内能U的形式关系很容易表示：$H = U + pV$，其中p是系统的压强，V是它的体积。由此关系可以得出，暴露在大气中一升水的焓比其内能只大100 J，但理解其意义比注意数值上的微小差异更重要。

人们发现系统在自由膨胀或收缩过程中作为“热”释放的能量，与该过程中释放的总能量不同，其恰好等于系统焓的变化量。这看似是魔法的操作其实是数学技巧，焓的变化会自动地将系统对外做功的量考虑在内。可以说焓是一种计算技巧，它包含了系统所做的那些难以观测到的功，并揭示了仅以热的形式释放的能量——前提是系统可以在恒定压力的大气中自由膨胀。

如果我们对燃料在开放容器（如炉子）中燃烧所能产生的热量感兴趣，那么，我们可以使用焓值表来计算燃烧伴随的焓值变化。这个变化量用ΔH表示。在热力学中，大写希腊字母德尔塔Δ用于表示数量的变化。我们把这个变化量等同于系统所产生的热。一个真实的例子，燃烧1 L汽油伴随的焓变约为33 MJ（兆焦，1 MJ相当于100万J）。因此，不需要更进一步计算，我们就知道在一个开放的容器中，燃烧1 L汽油将提供33 MJ的热量。对这个过程更深入的分析表明：在该燃烧过程中，系统会做约130 kJ的功来为生成的气体腾出空间，但我们无法将这些能量转化为热能。

但如果我们阻止气体膨胀，便可以将燃烧中产生的能量全部以热的形式释放出来，由此，我们可以额外提取那130 kJ的能量，这足以将半升水从室温加热到沸点。实现这一点的方法之一是，让燃烧发生在一个带有刚性壁的封闭容器中，这样气体将无法膨胀，也就无法以做功的形式损失任何能量。在实际应用中，使用向大气敞开的炉子在技术上要简单得多，而且两种情况之间的实际差异小到不值得建造一个密封的炉子。然而，标准的热力学是一个精确且合乎逻辑的学科，它必须能够系统性且准确地计算所有能量。在标准的热力学中，必须始终牢记内能和焓值变化之间的差异。

液体的汽化需要对液体输入能量，因为液体分子需要相互分离。这种能量通常以热的形式供应，也就是利用液体和周围环境之间的温度差异。在早些时候，蒸气中的这些额外的能量被称为“潜热”。因为当蒸气重新凝结为液体时会释放出这些看似“潜藏”在蒸气中的能量。蒸气的灼伤效应就是这样一个例子。在现代热力学术语中，以热的形式提供能量被认为是液体焓的变化，而“潜热”一词就被“汽化焓”所取代。1 g水的汽化焓接近2 kJ。也就是说，1 g水蒸气的凝结会释放出2 kJ的热量，这足以破坏与之接触皮肤的蛋白质。熔化固体所需的热量也有一个相应的术语——熔化焓。就单位质量而言，熔化焓比汽化焓要小得多，所以，我们不会因为接触结冰过程中的水而被烫伤。

热容

第一章介绍热力学第零定律时我们看到，“温度”是一个参数，它告诉我们系统可用能级的占据情况。现在我们的任务是，要了解第零定律是如何与内能的第一定律以及焓的热量属性相联系的。

当系统的温度升高，玻尔兹曼分布会有更长的“尾巴”，此时粒子从能量较低的状态迁移到能量较高的状态，结果是系统的平均能量上升。因为系统能量可以通过计算可用状态的能量和每个可用状态上占据的分子数获得。换句话说，温度升高内能上升，焓也会上升。但我们不需要分别关注焓和内能，因为焓或多或少是在跟随内能变化的。

将内能随温度的变化画成图，图上每个点的斜率称为系统的热容（符号C）。准确来说，热容被定义为：C = 供热量/温度的升高量。向1 g水输入1 J的热量会导致温度上升约0.2 ℃。升高相同的温度，高热容的物质（例如水）比低热容的物质（例如空气）需要更多的热量。在标准的热力学中，必须说明加热发生的条件。例如，如果样品处在恒定压力的条件下可以自由膨胀，那么，加热时部分作为热量供应的能量就会使样品膨胀，从而产生做功。与固定样品体积条件相比较，留在样品中的能量更少，样品的温度上升得也更慢，因此，我们发现其热容更高。在恒定体积与恒定压力两种条件下，系统的热容差异对气体是具有重要现实意义的，因为在恒压容器中加热时，气体的体积会发生巨大的改变。

热容会随温度变化而改变。一个重要的实验现象是，在温度接近绝对零度（$T = 0$）时，每种物质的热容都会降至零。这一现象在后面的章节中会扮演重要角色。非常小的热容意味着即使对系统进行微小的热传递，也会导致温度显著上升。这是在追求极低温度时面临的问题之一——即使微小的热量泄漏到样品中也可能对温度产生严重影响(请参见第5章)。

通过思考分子在不同状态上的分布，我们将了解热容的分子起源。物理学中有一个深刻的理论叫作涨落耗散定理。它揭示了系统耗散（吸收）能量的能力与系统相应属性偏离其平均值的涨落幅度成正比。热容量是一个耗散项：它衡量了物质吸收热量形式能量的能力。对应的涨落项是系统在占据能级时的分布范围。当一个系统中的所有分子处于一个单一状态时，占据能级的分布没有展开，占据的涨落波动为零；相应地，系统的热容量也为零。正如我们在第一章中看到的，在$T = 0$时，只有系统的最低能级被占据，因此，根据涨落耗散定理可以得出，系统的热容量也是零，这也是实验观察到的。在较高温度下，分子的分布会扩展到不同能级上，因此，其热容量不会是零，这也是实验中观察到的现象。

在大多数情况下，随着温度的升高，粒子在能级上的布居宽度会增加，因此，热容量通常会随着温度升高而增加，这也是已经被观察到的。然而，热容和温度的关系是比较复杂的，因为后来发现分子布居宽度扮演的角色作用会随着温度升高而减弱。因此，尽管布居宽度增加了，但热容量并没有增加得那么快。在某些情况下，布居宽度与热容量之间的比值常数的减小会随着布居宽度的增加达到一种平衡，系统的热容量将稳定在一个恒定值。此时，所有基本的运动方式——分子的平动、旋转和振动，对热容的贡献都会稳定在一个恒定值。

为了理解物质热容的实际值，以及内能随温度升高而增加的变化，我们首先需要了解物质的能级如何依赖其结构。大体而言，当原子比较重时，能级相互靠近，更进一步讲，平动对应的能级非常接近，形成了近乎连续的状态；气体分子的旋转运动对应的能级间距会稍远；而分子的振动能级——与分子内原子的振动相关——间距更远。因此，当气体样品被加热时，分子很容易被激发到更高的平动能级状态（即它们移动得更快），而实际上，它们很快就会扩散到旋转状态（即它们旋转得更快）。在这些情况中，分子的平均能量以及系统的内能都会随着温度升高而增加。

固体中的分子既不能在空间中平动也不能旋转。然而，它们可以在其平均位置附近振动，并以此方式吸收能量。所有分子的集体振动频率远低于单个分子的振动频率，因此，集体振动可以更容易地被激发。当向固体样品注入能量时，集体振动模式会被激发，因为玻尔兹曼分布逐渐触及更高的能量水平，更高能级状态上的分子布居数也会增加，我们将会看到固体温度升高了。类似的讨论也适用于液体，只是液体分子的运动比固体分子受到的限制要少。水具有很高的热容量，这意味着提高水的温度需要消耗大量的能量。反过来说，热水中能储存大量的能量，这就是为什么对于中央供暖系统而言，水是良好的介质（当然也很便宜）。同时也解释了为什么海洋升温和降温缓慢，这对我们的气候具有重要意义。

正如我们所述，内能仅是系统的总能量，即所有分子及其相互作用的能量之和。我们很难给出焓的分子解释，因为它是一种人为设计用于计算膨胀做功的属性，不像内能是一种基本的属性。出于此目的，最好将焓视为总能量的度量，但要记住这并不完全准确。简而言之，随着系统温度的升高，其分子会占据越来越高的能级，因此，分子的平均能量、系统的内能和焓都会增加。我们只能针对系统的基本属性给出精确的分子解释，如温度、内能以及——我们将在下一章中涉及的——熵。对于被用于计算的属性，即仅被设计用于简化计算的属性，我们无法给出分子层面的解释。

能量与时间均匀性

第一定律基本上是基于能量守恒的原理，即能量既不能被创造也不能被消灭。守恒定律——某种属性不会改变的定律——具有非常深刻的起源，这也是科学家，特别是热力学家们为此感到兴奋的原因之一。有一个著名的定理——诺特定理，由德国数学家埃米·诺特（Emmy Noether，1882—1935年）提出。它指出每一个守恒定律都对应着一种对称性。因此，守恒定律来源于我们所处宇宙的时空“形状”。在能量守恒的情况下，跟它对应的是时间“形状”具有对称性。能量守恒是因为时间是均匀的——时间稳定流逝，它不会一会儿变快，一会儿变慢。时间是一个具有均匀结构的坐标，如果时间会收缩或膨胀，能量就不会守恒。因此，热力学第一定律是基于我们所处宇宙的非常深刻的一个层面。早期的热力学家们在无意中窥探到了我们所处宇宙的时空“形状”。

第三章

热力学第二定律

熵增

当我向化学专业的本科生讲授热力学时，我经常会这样说：没有任何其他科学定律比热力学第二定律更有助于解放人类思想。我希望您在本章的阅读过程中能够理解我为什么这样认为，并且如果有可能的话，请同意我的看法。

第二定律因为晦涩难懂而著名，同时它也是科学素养的试金石。小说家和化学家查尔斯・珀西・斯诺（C. P. Snow）在他的《两种文化》中曾声称：不了解热力学第二定律，就相当于从未读过莎士比亚的作品。实际上，我对斯诺是否理解这个定律本身持严重怀疑态度，但我同意他的观点。第二定律为我们解释变化产生的原因提供了依据，在整个科学体系中至关重要，它也是我们理解宇宙中各种过程的基础。因此，它不仅是理解发动机运转和化学反应发生的基础，还是我们理解那些最精致的化学反应结果——提升了我们文化高度的文学、艺术和音乐创造力——的基础。

正如我们在第零和第一定律中已经看到的：我们引入了描述系统热力学性质的物理量——来自第零定律的温度 T，以及来自第一定律的内能 U，来表述和解释热力学定律。类似的，热力学第二定律暗示存在着另一个描述系统热力学性质的物理量，即熵（符号S）。为了尽早建立我们的概念，在阅读中谨记下面这些可能会有帮助：U是系统所拥有的能量多少的度量，而S是对该能量品质的度量；低熵意味着高品质，高熵意味着低品质。我们将详细阐述这种解释，并在本章的下面部分展示其推论。到本章结尾，T、U和S的概念和性质就会被建立起来。由于经典热力学完全基于这三种属性，至此，我们就将完成经典热力学的框架基础。

关于我所说的最后一点，也是贯穿本章的一点——科学的力量源于抽象。因此，尽管通过对具体系统的缜密观察可以确定某个自然特征，但是将这种观察用抽象的语言表达出来，却可以极大地扩展其应用范围。实际上，在本章中我们将看到，尽管第二定律是通过对笨重的铸铁制造的实体——蒸汽机的观察而建立的，但当以抽象的术语表达时，它适用于所有变化过程。换句话说：铸铁制造的蒸汽机的运行揭示了变化的本质，而无论其实际变化的具体实现形式是什么。我们所有的行为，从食物消化到艺术创作，其在本质上都与蒸汽机的运行相似。

热机

蒸汽机在实际而非抽象的形式上，是由铸铁制成的，带有锅炉、阀门、管道和活塞等部件。然而，蒸汽机的本质相对简单：它由一个热源（高温）、一个用于将热转化为功的装置（活塞或涡轮）和一个热汇（温度较低，热量自动流向的地方，即低温热源）组成。最后一项——热汇，它并不总是显见的，因为它有可能只是蒸汽机周围的环境，而不是专门设计的部分。

19世纪初，法国人从英吉利海峡对岸焦虑地观察着英格兰的工业化，并对英格兰利用丰富的煤炭资源抽水，日益提高其新兴工厂的效率嫉妒不已。一位年轻的法国工程师萨迪·卡诺（Sadi Carnot，1796—1832年）试图通过分析蒸汽机效率的局限，为法国的经济和军事做出贡献。当时的普遍看法是，通过选择不同的工作物质——也许是空气，而非蒸汽——或在危险的高压区域工作来寻求更高效率。卡诺采用了当时被普遍接受的观点，即热是一种没有质量的流体，随着从高温到低温的流动，它能够做功，就像水向下流动可以转动水车一样。尽管他的模型是错误的，但卡诺得出了一个正确且令人惊讶的结论：完美蒸汽机的效率与工作物质无关，仅取决于供热的热源和吸收余热的热汇的温度。

蒸汽机（一般而言，是一种热机）的“效率”被定义为，它所产出的功与吸收热量的比值。因此，如果所有的热都被转化为功而没有损耗，则效率为1。如果只有一半的能量被转化为功，另一半被耗散到周围环境中，那么效率为0.5（通常会以百分比表示，如50%）。卡诺能够得出以下表达式，用于计算在绝对温度$T_{热源}$和$T_{热汇}$之间工作的引擎的最大效率：

$$效率 = 1 - \frac{T_{热汇}}{T_{热源}}。$$

这个非常简单的公式适用于任何热力学上完美的热机，无论它的物理设计如何。它给出了最大理论效率：对任何精密设计进行的任何改进，都不能使实际热机的效率超过这个限制。

例如，假设一个发电站将过热蒸汽提供给汽轮机，温度为300 ℃（相当于573 K），并允许余热散布到温度为20 ℃（293 K）的环境中，则其最大效率为0.46。因此，燃烧燃料所提供的热量只有46%可以转化为电力，而且无论采用多么复杂的工程设计，都无法在给定的这两个温度下改善这个效率。提高转化效率的方法要么是降低周围环境的温度——但在商业装置中，这实际上是不可能实现的，要么是使用更高温度的蒸汽。要达到100%的效率，要么周围环境达到绝对零度（$T_{热汇} = 0$），要么蒸汽必须是无限高温的（$T_{热源} = \infty$），但是，这两种情况实际上都是不可行的。

卡诺的分析确立了热机的一个非常深刻的特性，但其结论在当时看来太过怪异，不被人们所接受，影响力也很小。这往往是理性思考在社会中的命运：真理可能会被流放一段时间。在那个世纪后期，在毫不知情于卡诺工作的情况下，人们重新点燃了对热的兴趣。两位思想巨匠走上了热力学的舞台，从新的角度考虑了变化过程的问题，特别是将热转化为功的问题。

第一位巨人，威廉·汤姆森（William Thomson），即后来的开尔文勋爵（Lord Kelvin，1824—1907年）。他反思了热机的基本结构。相较于那些视热源或者做有力往复运动的活塞为关键部件的人，开尔文有着不同的见解：他认为热汇（通常是周围未经设计的环境）虽然经常被人忽视，却是不可或缺的。开尔文意识到，如果把环境去掉，热机就会停止运转。更准确地说，开尔文对热力学第二定律的表述如下（见图9）：

> 不可能存在这样一个循环过程——热量从热源中被取出，并完全转化为功。

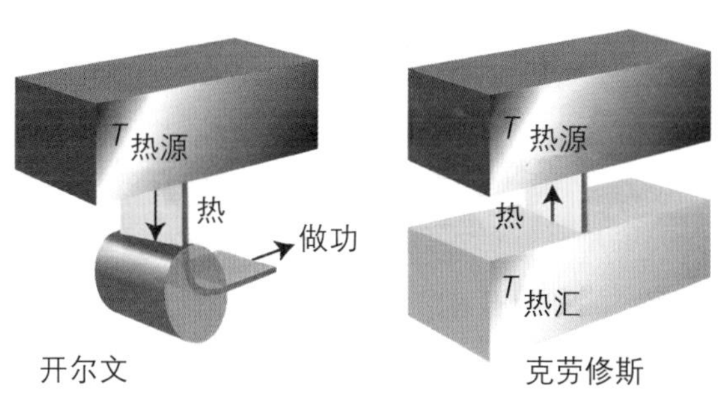

图9 热力学的开尔文表述和克劳修斯表述

开尔文（左侧）和克劳修斯（右侧）的观察分别是：一个热汇对热机的运行至关重要；热不会自发地从一个较冷的物体流向一个较热的物体。

换句话说，自然界会对将热转换为功的过程征税：热源提供的一部分能量一定会以热量形式释放到环境中。因此，必须有一个热汇，即使我们可能很难确定它的存在，甚至它也不一定是设计中所考虑的一个组成部分。在这个意义上，发电站的冷却塔比其复杂的涡轮或驱动它们的昂贵核反应堆更加重要。

第二位巨人是在柏林工作的鲁道夫·克劳修斯（Rudolph Clausius，1822—1888年）。他对一个更简单的过程进行了反思，即不同温度物体之间的热传导。他认识到：在日常现象中，能量能够自发地以热的形式从高温物体流向低温物体。“自发”是另一个被科学所征用且被赋予更精确含义的常用词语。在热力学中，“自发”意味着不需要通过某种形式的做功来推动。一般而言，“自发”是“自然”的同义词。与日常语言不同，热力学中的“自发”没有速度的含义——它不意味着快速。在热力学中，“自发”指的是一种变化的趋势。虽然一些自发过程是快速的（例如气体自由膨胀），但也有些过程可能非常缓慢（例如金刚石转化为石墨）。“自发性”是一个热力学术语，指的是一种趋势，而不一定是过程已经发生。热力学不涉及速率。对于克劳修斯而言，能量自高温物体流向低温物体是一种趋势，但如果被绝热物质隔绝，这种自发性的过程可能会受到阻碍。

克劳修斯进一步意识到，热量从一个较冷系统传递到一个较热的系统——从低温系统到高温系统的过程，不是自发的。他因此认识到，自然界中存在一种不对称性：虽然能量倾向于作为热量从热到冷迁移，但反向迁移却不是自发的。他将这种显而易见的事情表述为现在众所周知的热力学第二定律克劳修斯表述（图9）：

> 热量从低温物体到高温物体的传递一定会伴随着其他变化。

换句话说，热量可以在“错误”的（非自发）方向上传递，但为了实现这种传递，必须做功。一个日常观察到的现象：我们可以利用冰箱将物体冷却，但这涉及将物体中的热量转移到更温暖的环境中去。为了这样做，我们必须做功——冰箱必须通过连接电源来获得驱动，而驱动制冷的最终变化发生在发电站的燃料燃烧过程中，虽然可能距离遥远。

开尔文和克劳修斯的表述都是对观察结果的总结。虽然人们可能没有意识到热汇的存在，但没有人建造过没有热汇且能工作的热机。也没有人观察到一个物体会自发地变得比周围环境更热。因此，他们的表述确实是自然界中存在的定律，是对详尽观察结果的总结。但是，是否存在两个“第二定律”？为什么不将开尔文的表述称为第二定律，然后将克劳修斯的表述称为第三定律呢？

答案是这两个表述在逻辑上是等价的。也就是说，开尔文的表述蕴含了克劳修斯的表述，而克劳修斯的表述也蕴含了开尔文的表述。我现在将证明这两种表述的等价性。

首先，想象将两台引擎耦合在一起（图10），这两台引擎共享相同的热源。引擎A没有热汇，但引擎B有。我们使用引擎A来驱动引擎B。运行引擎A，并暂且假设，从热源中提取的所有热量都被转化为了功，这显然与开尔文的表述相反。这些功将驱动热量从引擎B的热汇传递到共享热源。净效应是除了引擎B从其热汇中向外传输的能量外，热源的能量也得到了恢复。也就是说，热量从冷处转移到热处，而其他地方没有任何变化。这又与克劳修斯的表述相悖。因此，如果开尔文的表述被证明是错误的，那么克劳修斯的表述也将被证明是错误的。

现在假设一下克劳修斯表述失效的影响。我们建造一台连接热源和热汇的引擎，并运行该引擎以产生功。在这个过程中，我们将一些热量废弃到热汇中。然而，设计中的一个巧妙的部分是，我们还安排了与废弃到热汇中的热量完全相等的热量，它们会自发地从低温热汇返回到热源中——这与克劳修斯的表述相悖。现在，这种安排的净效应是将热量转化为功，而其他地方没有任何变化，因为热汇中没有净变化——这与开尔文的表述相悖。因此，如果克劳修斯的表述被证明是错误的，那么开尔文的表述也将被证明是错误的。

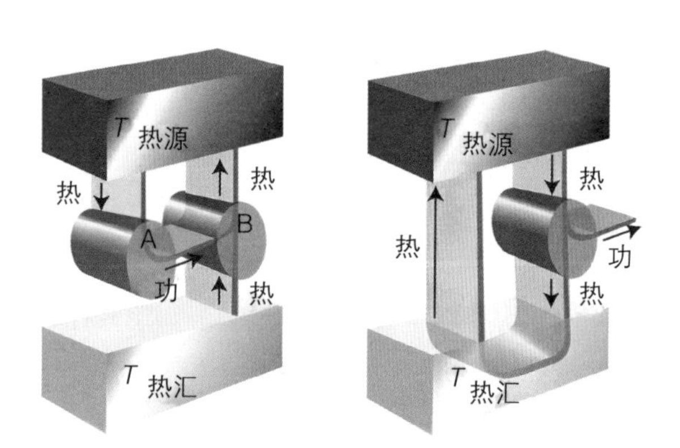

图10　开尔文表述和克劳修斯表述的等价性

左图说明了开尔文表述的失效意味着克劳修斯表述的失效。右图则说明了克劳修斯表述的失效意味着开尔文表述的失效。

我们已经看到，第二定律的一种表述的证伪都意味着另一种表述的证伪。因此，从逻辑上讲，这两种表述是等价的。我们可以将其中任何一种表述作为第二定律的等效现象学（基于观察的）表述来对待。

绝对温度的定义

一个有趣的附带问题是，根据目前的讨论，我们能够建立一种完全基于机械观察的温度标准——只用重物、绳索和滑轮来建造温度计的概念。你可能记得第零定律暗示我们：存在一种称之为温度的属性。但除了有些随意的摄氏和华氏温标，以及对更基本的热力学温标略有提及外，温度的定义仍然含糊不清。开尔文意识到可以通过卡诺热机效率的表达式，即使用功来定义温标。

我们将用ε（希腊字母 epsilon）表示理想热机的效率，即所做的功与所吸收热量的比值。引擎所做的功可以通过观察提升已知重量物体的高度来测量，正如我们在第一定律的讨论中已经看到的那样。引擎吸收的热量，原则上也可以通过测量重物的下落高度来得到（见第二章）。因此，原则上可以仅通过观察一系列实验中重物的升降高度来测量热机的效率。

接下来，根据卡诺的表达式，ε表示为：$\varepsilon=1-T_{热汇}/T_{热源}$。我们可以写成$T_{热汇}/T_{热源}=1-\varepsilon$，或者$T_{热汇}=(1-\varepsilon)T_{热源}$。因此，要测量热汇的温度，我们只需通过测量重物的升降高度来测量它的引擎的效率。因此，如果我们发现$\varepsilon=0.240$，则热汇的温度必定为$0.760T_{热源}$。

这仍然没有确定热源的温度。我们可以选择一个具有良好可重复性的，且比华氏腋窝[①]更可靠的系统，并将其温度定义为具有某个特定状态的值，同时将该标准系统用作引擎中的热源。在现代工作中，利用纯净的液态水与其蒸气、冰同时存在且处于平衡的状态——所谓的三相点，来定义恰好为273.16 K的温度。三相点是水的一个固有属性：它是在温度和压强的二维参数空间中确定的一个点，当温度或压强发生变化不再是这个点对应的值时，就无法实现三相共存。因此，它是高度可重复的。

在我们的例子中，如果我们通过观察一系列下降重物实验，来测量热源温度为水的三相点温度的热机的效率，并发现$\varepsilon=0.240$，那么，我们将能够推断出热汇的温度为$0.760\times273.16\ \text{K}=208\ \text{K}$（相当于−65 ℃）。用水的三相点来定义开尔文温度的选择是完全任意的。但它有一个优点，即银河系中的任何人都可以复制该标准而不会有任何歧义。因为水在任何地方都具有相同的三相点性质，而不需要我们调整任何参数。

目前，人们日常使用的摄氏温标是通过从更基本的开尔文

① 译者注：华氏温度的定义用到了华氏自己的体温。

热力学温度中减去精确的273.15 K而定义的。因此，在一个大气压力下，水在273 K（准确地说，大约在三相点以下0.01 K，约273.15 K）时结冰，相当于0 ℃。水的沸点为373 K，相当于接近100 ℃。然而，这两个温度不是被定义——就像安德斯·摄氏在1742年提出摄氏温标时一样——它们必须通过实验来确定。这两个温度的精确值仍然有待讨论，但比较可靠的值似乎是：水的正常冰点为273.152 518 K（+0.002 518 ℃），正常沸点为373.124 K（99.974 ℃）。

最后需要指出的一点是，有时候热力学温度也被称作“理想气体温度”。它的名称源于以理想气体的性质表达温度。理想气体是一种假想的气体，其分子之间没有相互作用。而事实上这个定义与热力学温度的定义是一致的。

熵

寻找热力学第二定律的不同表述可能是一个虽然行为不太优雅，但却是具有实用性的一件事情。我们的挑战是找到一个简洁的表述，将前面的两种表述都概括起来。为了做到这一点，我们遵循克劳修斯的方法，引入了一个新的热力学函数——熵S。这个名字的词源来自希腊语中的“转向”，但其实没什么用。虽然从它的形状上看好似是与“转向”相关，但选择字母S其实也是比较随意的：因为该字母与P、Q、R、T、U、V和W这些已经被赋予其他用途的字母相邻，并且在当时还没有被用于表示其他热力学性质。

出于数学上的一些合理原因——这里不必深究——克劳修斯将系统熵的变化定义为：以热的形式转移的能量除以（绝对的，热力学的）温度。

$$\text{熵的改变} = \frac{\text{可逆传热转移的能量}}{\text{温度}}$$

我加入了“可逆”这个限定词，因为正如我们将看到的那样：重要的是，热量传递是在系统和它周围环境之间，仅在有无穷小温度差异的情况下进行。简言之，热流无法激起热运动的任何湍流态。

我们在本章开始时提到，熵将被证明是储存能量“品质”的度量。随着本章的展开，我们将看到“品质”是什么意思。在初次接触这个概念时，我们将熵与无序等同起来：如果物质和能量以无序的方式分布，如气体，那么熵就很高；如果能量和物质以有序的方式储存，如晶体，那么熵就很低。在考虑无序的情况下，我们将探讨克劳修斯表达式的含义，并说明它预示着熵可以作为系统无序程度的度量。

为了展示克劳修斯关于熵的改变的定义，我曾在其他地方用过这样的比喻：在繁忙的街道或安静的图书馆打喷嚏。安静的图书馆用来类比低温系统，其热运动不那么激烈，打喷嚏对应于热量转移。在安静的图书馆中，突然打喷嚏干扰是很强的——混乱度增加很多，熵增加很大。另一方面，繁忙的街道类似于高温系统，热运动很激烈。现在，同样的打喷嚏，引入的额外混乱相对较少——熵增加很小。因此，在不同情况下，假设熵的变化与温度的某个幂次成反比关系是合理的（恰好是T本身，而不是T^2或更复杂的形式），温度越低，熵的变化越大。在不同情况下，额外的混乱与打喷嚏的大小（作为热能转移的量）成正比，或与该量的某个幂次成正比（恰好是一次幂）。因此，克劳修斯的表达式符合这个简单的类比。我们应该在理解本章的其余内容时记住这个类比，以了解如何应用熵的概念，并丰富我们对它的理解。

熵的改变是指从一个系统中传出或传入的热量（单位为J）与传递时的温度（单位为K）的比值，因此，其单位为焦耳每开尔文（$J \cdot K^{-1}$）。例如，假设我们将1 kW的加热器浸入20℃（293 K）的水箱中，并将加热器运行10秒钟，那么水的熵值将提高34 $J \cdot K^{-1}$。如果从一杯20 ℃的水中释放出100 J的热量，则其熵下降0.34 $J \cdot K^{-1}$。一杯（200 mL）沸水的熵（可以通过稍微复杂的过程计算）比在室温情况下高约200 $J \cdot K^{-1}$。

现在，我们已经准备好了用熵来表述热力学第二定律，并说明这个表述包含了开尔文和克劳修斯的表述。首先，我们提出将下面这个论述作为第二定律的表述：

在任何自发变化的过程中，宇宙的熵都会增加。

这里的关键词是宇宙，在热力学中通常指系统及其周围的环境。这里并没有禁止系统或环境的熵单独减少，只要在其他地方有相应的变化来补偿即可。

为了看出开尔文表述已经被包含在了熵的表述中，我们考虑一个没有热汇的热机与环境两个部分的熵变（如图11所示）。当热量离开热源时，系统的熵会减少；当能量以做功的形式传递到周围环境中时，熵不会发生变化——因为熵的变化是根据传递的热量来定义的，而不是根据所做的功。当我们转向熵的分子运动本质时，我们将更充分地理解这一点。整个宇宙没有其他的变化，因此，宇宙总的熵变值是负的。这与第二定律相违背。由此可知，没有热汇的热机无法产生功。

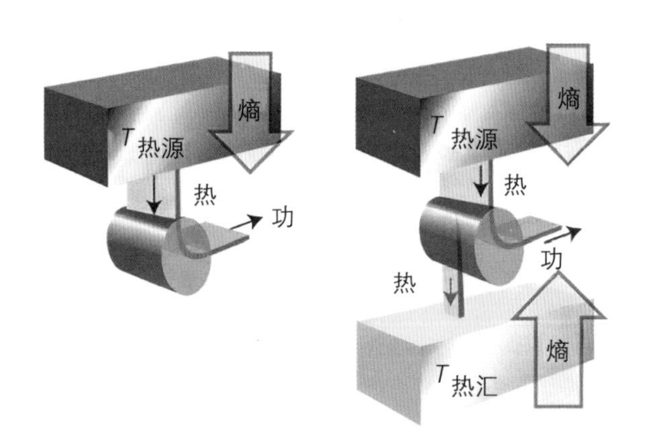

图11　开尔文和克劳修斯表述与熵的关系

左图展示了被开尔文表述所禁止的热机，它会导致熵的减少，这是不可行的。右图展示了存在热汇，将有一些热量排放到其中的系统。热汇中熵的增加可能会抵消热源的熵的减少，使得整体上会有熵的增加，这样的热机是可行的。

为了说明有热汇的热机能够产生功，我们考虑一个实际的热机。与前面一样，当能量以热量的形式离开热源时，熵会减少，当部分热量被转化为功时，熵不会发生变化。但是，只要我们没有把所有的能量都转化为功，我们就可以将一部分能量以热量的形式排放到热汇中。现在，热汇的熵会增加，只要其温度足够低——也就是说，它是一个足够安静的图书馆——即使只有少量热量进入热汇，也可以导致总熵的增加，以抵消热源的熵的减少。因此，总体而言，宇宙的熵可以增加，但前提是必须有热汇才能对熵变值产生正的贡献。这就是为什么热汇是热机的关键部分：只有在热汇存在的情况下，熵才能增加，并且只有在整个过程是自发的情况下，热机才能从热量中产生功。只提供驱动让热机工作是没有意义的!

事实证明，从热源提取出的能量中，必须有一部分要被废弃到热汇中，因此，这些废热不能被转化为功。这一部分能量的大小只取决于热源和热汇的温度，这可以很容易地被证明。此外，必须废弃的最小能量，以及实现将热转化为功的最大效率，都可以通过卡诺公式精确地给出。假设能量q从热源中以热的形式流出，熵下降$q/T_{热源}$；假设热量q'被废弃到热汇中，熵增加$q'/T_{热汇}$。为了使总的熵变值为正值，必须废弃的最小热量q'满足$q'/\mathrm{T}_{热汇} = q/T_{热源}$，因此，$q' = qT_{热汇}/T_{热源}$。这意味着能转化为功的最大热量是$q - q'$，或者是$q(1 - T_{热汇}/T_{热源})$。效率是“做的功”除以“提供的热量$(q)$”。这就给出了卡诺公式：效率 $= 1 - T_{热汇}/T_{热源}$。

现在考虑用熵的语言来叙述克劳修斯的表述。如果有一定的能量以热的形式离开一个冷物体，熵将会降低。熵的降低量是很大的，因为物体很冷——它就像一个安静的图书馆。同样大小的热量进入一个热物体，熵会增加。但由于温度较高——物体就像繁忙的街道——结果熵的增加很小，肯定小于冷物体熵降低的数量。因此，整体熵会减少，该过程不是自发的，正如克劳修斯表述所揭示的那样。

综上，我们看到熵的概念捕捉到了第二定律的两个等效的现象学表述，并且指出了自发变化的方向。第一定律和内能确定了所有变化中的可行过程：只有当宇宙的总能量保持不变时，过程才是可行的。第二定律和熵确定了这些可行变化中的自发变化：仅当宇宙的总熵增加时，可行过程才是自发的。

有趣的是，熵的概念曾经让维多利亚时代（1837—1901年）的人感到极为困惑。他们可以理解能量守恒定律，因为他们可以假设在创世之初，上帝就赋予了世界他所判断的完全正确的恰当（能量的）数量，这个数量将适用于所有时间。然而，他们对熵应该如何理解感到困惑，因为熵似乎不可避免地增加。这个熵从哪里来？为什么没有一个被上帝赋予的精确、完美、永恒的熵的数量呢？

为了解决这些问题，并深化我们对熵的概念的理解，我们需要借助熵的分子解释，以及它作为度量某种混乱程度的解释。

无序的图像

考虑到熵作为某种混乱程度的度量，一些过程伴随的熵变可以被相对简单地预测，尽管实际的定量计算需要更多的工作。例如，气体的等温膨胀（温度不变），将其分子和它们的恒定能量分布到更大的体积中，系统的有序性减少，我们更难预测分子的特定位置及其能量，熵相应地增加。

一种更为精细地得出相同结论，而且能更准确地描绘“无序”实际意义的方式是：将分子看作是分布在一系列离散的能级上的，而这些能级将粒子约束在一个盒子区域内的量子系统的能级。量子力学可以用来计算这些被允许的能级（其本质是计算可以在刚性墙之间形成驻波的波长，然后将波长解释为能量）。这一结果的核心是，随着盒子的四壁被移开，能级下降，能级间变得更加接近（图12）。在室温下，分子占据数十亿个能级，哪一个能级上占据多少，由该温度相对应的玻尔兹曼分布给出。随着盒子体积的扩大，同样的温度，玻尔兹曼分布将囊括更多的能级。如果我们随机选择一个分子，则越来越不可能确定它来自哪个能级。分子所占据能级的不确定性增加，相应地，对应了熵的增加。这才是我们所谓的系统“无序”的实际意义。

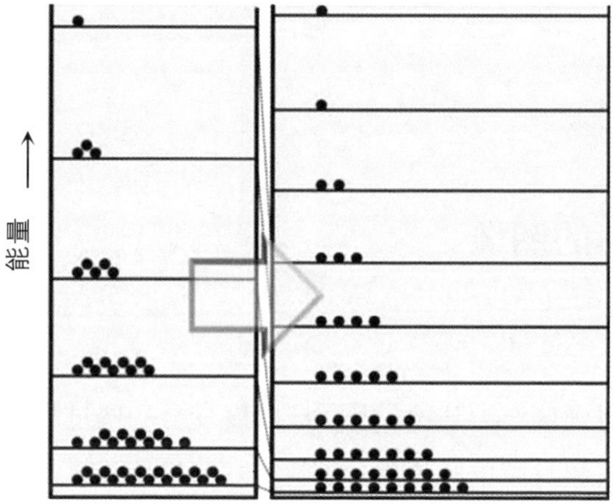

图12　系统膨胀时的能级占据

在一个类似于盒子的不断扩张的区域，一群粒子的熵增源于当盒子的体积扩大时，允许的能级会变得更加接近。只要温度保持不变，玻尔兹曼分布所涵盖的能级就会更多。因此，在随机选择分子时，选择一个特定能级的概率就会降低。也就是说，当气体占据更大的体积时，无序和熵就会增加。

类似的情况也适用于当气体温度升高时熵的变化。基于克劳修斯的定义，以及古典热力学的简单计算，我们能够预计熵会随温度增加而增加。从分子角度来看，这种增加可以理解为：当体积固定而温度增加时，玻尔兹曼分布变得更长，从而能够囊括更广泛的能级。同样，在随机选取中，我们能准确预测分子来自具体某个能级的概率降低，无序度的增加对应了更高的熵。

最后一个问题是，在绝对零度（$T = 0$）时对于熵值的疑问。根据玻尔兹曼分布，在$T = 0$时，只有系统的最低能量状态（“基态”）会被占据。这意味着我们在进行盲选时，可以绝对肯定所选择的分子一定来自这个单一基态——能量分布没有任何不确定性，因此，熵为零。

这些思考被玻尔兹曼量化，他提出了一个非常简单的公式来计算任何系统的所谓绝对熵。

$$S = k\log W$$

常数k是玻尔兹曼常量，在第一章我们已经遇到过它。它出现在关于β和T的关系中，即$\beta = 1/(kT)$。这里仅仅是为了确保，从这个公式中计算出来的熵的变化与从克劳修斯表达式中计算出来的熵的变化具有相同的数值。更为重要的是物理量W，它是衡量系统达到相同总能量时，分子排列方式数量的指标。这个公式比经典热力学公式更为复杂，实际上属于统计热力学领域，不是本书的主题。总之，玻尔兹曼公式可以用于计算物质的绝对熵，特别是对于那些具有简单结构（如气体）的物质，以及伴随着各种变化（如膨胀和加热）的熵的改变。在所有情况下，熵的变化表达式与从克劳修斯表述中推导出来的表达式完全相同，因此，我们可以确信经典熵和统计熵是相同的。

作为他个人历史的脚注，方程$S = k\log W$作为墓志铭被刻在了玻尔兹曼的墓碑上，尽管他从未明确地写下这个方程（这是由马克斯·普朗克提出的）。即使没有写下这个著名的方程，他也配得上以自己的名字命名这个常量。

简并固体

我们现在需要面对上述讨论中存在的一些细节问题。由于克劳修斯表达式只告诉我们熵的变化量，因此，它只能给出相对应的，在$T = 0$时，物质在室温下的熵值。在许多情况下，室温下计算出的熵值，与使用玻尔兹曼公式计算从光谱学中获得的分子数据（如键长和键角）的结果，在实验误差允许范围内相符。然而，在某些情况下会存在较大差异，热力学熵与统计熵不再相同。

我们在未加任何说明的情况下，假设只有一个最低能量状态，即只有一个基态，此时，在$T = 0$时，$W = 1$，熵为零。换句话说，在量子力学的术语中，我们假设基态是非简并的——在量子力学中，简并性这个术语指的是，可能有几个不同的状态（例如旋转平面或行进方向）对应相同的能量——但在某些情况下，这种假设并不成立。因为，此时可能有许多不同的系统状态都对应于最低能量。我们可以说这些系统的基态高度简并。用D表示对应于最低能量状态的数量，也称为简并度。（我马上会给出一个可视化的例子。）如果有D个这样的状态，即使在绝对零度时，在随机选择中我们也只有$1/D$的机会预测分子来自哪个简并态。

因此，即使在$T = 0$时，系统仍然存在无序性，其熵不为零。简并系统在$T = 0$时的这种非零熵称为系统的残余熵。

固态一氧化碳是残余熵最简单的例子之一。一氧化碳分子CO具有高度均匀的电荷分布（技术上说，它只有非常微小的电偶极矩）。在固态中如果分子排列成…CO CO CO…，或者…CO OC CO…，或者任何其他随机的形式，它们的能量差别很小。换句话说，固态一氧化碳样品的基态高度简并。如果每个分子可以有两个方向，样品中的分子数量为N，那么$D = 2^N$。即使在1 g固态一氧化碳中，也有2×10^{22}个分子，因此，这种简并远非微不足道的（尝试计算D的值）。残余熵的值是$k\log D$，1 g样品的值为0.21 J·K^{-1}，这与实验推导的值相符。

固态一氧化碳可能看起来是一个相当不常见的例子，除了作为一个简单的例证似乎没有多少现实意义。然而，有一种常见的物质，其基态也是高度简并的，那就是冰。我们很少会想到——或许从未想到——冰是一种基态简并的固体，但事实确实如此。而这种简并的产生源于每个氧原子周围氢原子的位置。

图13显示了冰的简并性起源。每个水分子H_2O，有两个短而强的O—H键，它们相互之间的夹角约为104°。分子整体上是电中性的，但电子分布不均匀。每个氧原子的两侧都有净负电荷区域，每个氢原子因电子被“更有吸引力”的氧原子拉过去而略带正电荷。在冰中，每个水分子都被其他水分子围绕呈四面体排列，但一个分子中略带正电荷的氢原子会被相邻水分子中略带负电荷的氧原子所吸引。

这种分子之间的链接称为氢键，表示为O—H…O。该链接导致了冰的残余熵，因为任何特定链接是O—H…O，还是O…H—O，是具有随机性的。每个水分子必须具有两个短的O—H键（这样才能被看作为H_2O分子），并且有两个长的H…O链接到两个邻居，但哪两个是短的，哪两个是长的几乎是随机的。当统计这些不同的组合状态时，发现1 g冰的残余熵应为0.19 J·K^{-1}，与实验推断的值非常吻合。

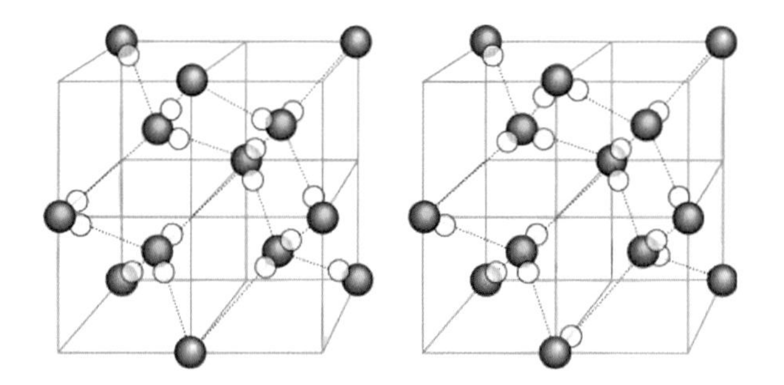

图13　水的残余熵

水的剩余熵反映了在$T = 0$时水的“简并性”，这是由氢原子（白色小球）在氧原子（阴影球）之间的位置变化所导致的。虽然一个氧原子与两个氢原子紧密相连，并与两个相邻水分子中的一个氢原子形成更远的连接，但在选择连接哪些近的，哪些远的方面有一定的自由度。这里展示了许多组合中的两个。

冰箱与热泵

熵的概念是热机、热泵和制冷机运行的基础。我们已经看到，热机之所以能工作，是因为有热量被沉积在热汇中，并在那里产生了无序。这种无序弥补了从热源中提取热能所导致的熵减少，而且弥补量通常超过了熵减量。热机的效率由卡诺表达式给出。从该表达式可以看出，最高效率是通过使用最热的热源和最冷的热汇实现的。因此，在蒸汽机中，包括蒸汽涡轮机和经典的基于活塞的发动机，最高效率都是通过使用过热蒸汽（尽量提高热源的温度）实现的。这种设计的根本原因是：热源的高温最小化了提取热量所导致的熵减少（为了不被人发现，最好在非常繁忙的街道上打喷嚏）。因此，在热汇中只需最少的热量来产生熵去弥补热源的熵减，从而更多的能量可以被转化为发动机所做的功。

冰箱是一种从物体中移除热量，并将其传递到环境中的装置。这个过程不会自发发生，因为它对应于总熵的减少。当从冷的物体中（在我们的打喷嚏类比中，这是一个安静的图书馆）移除一定量的热量时，熵会大大减少。当该热量释放到较温暖的环境中时，熵会增加，但增加量比原始的减少量要小，因为环境温度更高（这是一个繁忙的街道）。因此，总体上存在净的熵减少。我们在讨论克劳修斯表述的第二定律时，使用了同样的论点，该定律可以直接用于这种过程。克劳修斯表述的一个粗略说法是：冰箱的工作不是自发的，除非接通冰箱的电源开关，否则它是不会工作的。

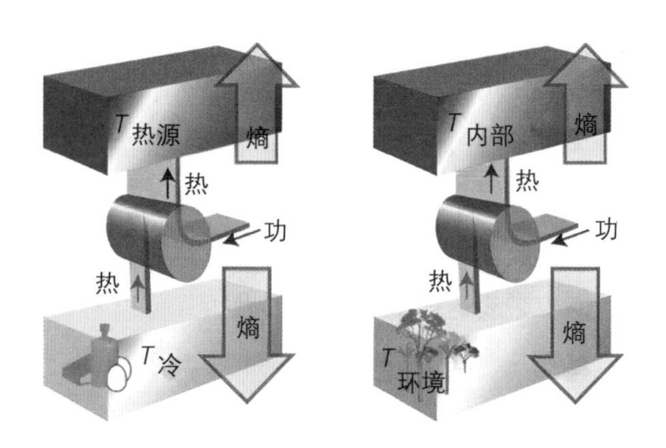

图 14　制冷机和热泵所涉及的过程

在制冷机（左图）中，通过做功输入能量流，使热的周围环境的熵增至少等于系统（制冷机内部）的熵减；在热泵（右图）中，实现了同样的熵的净增加，但此时的目标在于向房屋内部提供能量。

为了实现熵的净增加，我们必须向环境中释放比从冷物体中提取的热量更多的能量（在繁忙的街道上，我们必须更大声地打喷嚏）。为了实现这种增加，我们必须添加能量流。可以通过对系统做功来实现这一点，因为我们所做的功会增加能量流（图 14）。当我们做功时，从冷的环境中提取的原始能量变为“热+功”，而这些总能量会被释放到更温暖的环境中。如果对系统做足够的功，释放大量能量到温暖的环境中会产生大量的熵增，从而实现净熵增加并使过程发生。当然，为了产生驱动制冷机所需的功，必须在其他地方发生自发过程，比如一个遥远的发电站。

冰箱的效率以该过程的“性能系数”c表示。它被定义为：从冷物体中移除的热量与必须做的功之比。性能系数越高，我们做更少的功就能移除相同的热量——只需从供应系统中吸取更少的能量，因此，冰箱的效率更高。通过类似于第59页的计算，我们可以得出以下结论：当要冷却的物体（食物）处于温度$T_{冷}$，环境（厨房）处于$T_{环境}$时，任何过程可以实现的最佳性能系数为：

$$\text{最佳性能系数(冰箱)}c = \frac{1}{\dfrac{T_{环境}}{T_{冷}} - 1}$$

例如，如果被冷却物是温度为0℃（273 K）的冷水，而冰箱位于室温为20℃（293 K）的房间内，则最佳性能（冷量）系数为14。在理想条件下，要从这份冷水中移除10 kJ的能量（足以将约30 g的水冻结成冰），我们需要做大约0.71 kJ的功。实际上，冰箱的效率远低于这个热力学极限。这不仅是因为外部热量泄漏，还因为并非所有用于做功的能量都加入了能量流。空调本质上就是制冷，和冰箱的原理一样。这个计算说明了为什么运行空调是如此昂贵，并且对环境有害。当自然界遵循第二定律时，想要抗衡这个规律就需要耗费大量的能量。

冰箱工作时，释放到环境中的能量是从冷却物体中提取的热量和用于运行设备的能量的总和，这是热泵运行的基础。热泵是一种将外部的热量泵送到室内（如房屋内部）起到加热效果的设备。热泵本质上是一台冰箱，被冷却的物体是外部世界，热量被安排传递到需要加热的室内。也就是说，我们关心的是冰箱的背面而不是内部。热泵的性能系数定义为：释放到需要加热区域（在温度$T_{内部}$）的总能量与为实现该释放而做的功之比。通过已经对卡诺效率所做的相同类型的计算（这种情况下留给读者推导），我们知道当提取热量的区域温度为$T_{环境}$时，理论上最佳性能系数为：

$$\text{最佳性能系数(热泵)}c = \frac{1}{1 - \dfrac{T_{环境}}{T_{内部}}}$$

因此，如果待加热区域的温度为20℃（293K），周围环境温度为0℃（273K），则性能系数为15。所以，为了将1000J的热量释放到室内，我们只需要做67J的功。换句话说，额定功率为1kW的热泵产生的效果相当于15kW的加热器产生的效果。

抽象化的蒸汽机

我们在本章一开始就断言，我们都是蒸汽机。如果以足够抽象的方式理解“蒸汽机”，那这绝对是真的。无论何时，只要是从无序中创造出结构，就必须通过在其他地方产生更大的无序来推动这个过程，这样宇宙的无序度才会有净增加，而在我们所概述的复杂方式下，这种无序被理解为熵。正如我们所看到的，对于实际的热机来说这显然是正确的。然而，事实上它也是普遍适用的。

例如，在内燃机中，烃类燃料的燃烧导致液体被一种占据体积超过其2000倍的气体混合物所取代（如果我们考虑消耗的氧气，体积仍然大600倍）。此外，燃烧会释放能量，并将能量散布到周围环境中。引擎的设计就是捕获了这种无序的扩散，并利用它来建造一些结构。例如，将一堆无序的砖块建造为有序的结构，或者驱动电流（有序的电子流）在电路中流动。

燃料可以是食物。这时熵增是由食物的新陈代谢和所释放的能量以及物质的扩散造成的。身体内利用这种扩散产生的有序结构不是机械式的活塞或齿轮链，而是生化通路。这些生化通路所构建的结构，可能是由个别氨基酸组装而成的蛋白质。因此，伴随着我们进食，我们在成长。这些结构也可能是不同的类型——它们可以是艺术作品。利用摄取和消化食物所释放的能量，另一种可以被推动形成的结构是，由随机的电信号和神经活动构成的大脑内有组织的电活动。因此，伴随着我们进食，我们也能创造——我们创造艺术、文学和加深对宇宙万物的理解。

我们身体内的所有过程都可以被抽象成蒸汽机：利用某种能量耗散来产生有序的运动（功）。此外，天空中的那个巨大的蒸汽机——太阳，是所有创造的伟大源泉之一。我们都靠它的自发耗散生存，并且伴随着我们的生存，我们也将无序传播到周围环境中，而我们离不开我们周围的环境。在17世纪，卡诺、焦耳、开尔文和克劳修斯出现的两个世纪之前，约翰·多恩（John Donne）在他的冥想中不知不觉地表达了第二定律的一个版本——他写道：没有人是一座孤岛。

第四章

自由能

功的可用性

Free energy? 自然不是！能量怎么可能是免费的呢？当然，答案在于一个技术性的区别。所谓的自由能（Free energy），并不是指在货币意义上免费的能量。在热力学中，自由能指的是那些能够自由做功的能量，而不仅仅是以热的形式从系统中流失的能量。

我们已经了解到，在恒压条件下发生燃烧时，系统释放的热量大小是由其焓值变化所决定的。尽管内能也会发生一定量的改变，但事实上，系统必须向周围环境“缴税”，以将产物排放出去。这意味着内能的一部分变化必须用来推开大气，以便给排放产物腾出空间。在这种情况下，系统所释放的热量会小于内能的变化量。但如果反应生成的产物所占据的体积小于反应物，则可能会出现一种“退税”，即系统可以收缩。在这种情况下，周围环境会对系统做功，将能量传递回系统中，从而使系统所释放的热量比内能的变化量更多——系统将输入的功转化为输出的热量。因此，焓是一种用于计量热量的“会计”工具，自动考虑了功所支付或退还的“税款”，使我们能够在不必额外考虑功的贡献的情况下计算热输出。

现在出现的问题是，一个系统是否必须向周围环境支付热量作为“税费”才能产生功？我们是否可以提取系统全部的内能变化来做功，或者必须将部分内能变化转移为热量传递给周围环境，剩下的才能用于做功？为了做功系统是否必须支付热量作为“税费”？甚至可能会有“退税”，即我们可以提取比内能变化所预期的更多的功吗？简而言之，类比于焓的作用，是否有一种热力学属性，其不是关注过程可以释放的净热量，而是关注产生的净功呢？

我们通过对第一定律的思考找到了关注热量的恰当属性——焓。我们将通过研究第二定律和熵来找到关注功的热力学属性。因为一个过程只有在自发的情况下才能产生功——非自发的过程必须通过做功来驱动，因此，它们对于产生功是毫无用处的。

为了识别自发过程，我们需要注意第二定律中一个极其重要的方面——它涉及宇宙的熵——系统和环境的熵的总和。根据第二定律，自发变化伴随着宇宙熵的增加。这种关注宇宙总熵的重要特征是：一个过程可能是自发的，且能够产生功，即使它伴随着系统熵的减少，只要环境的熵增加更多，总熵就会增加。每当我们看到熵明显地自发减少时，例如结构出现、晶体形成、植物生长或思想产生时，总有更多的熵在别的地方增加了。

为了评估一个过程是否是自发的，并且能够产生功，我们必须评估所涉及的系统和周围环境的熵变。分别对系统和周围环境进行两个独立的熵变值计算是不方便的。如果我们把兴趣限制在某些类型的变化上，就有一种方法可以将两个计算合二为一——只需关注系统本身的属性即可。通过这种方式，我们将能够确定一种热力学属性，可以使用它计算从过程中能够提取的功，而无需单独计算“热税”。

亥姆霍兹自由能

聪明的想法是，如果我们意识到限制变化发生在恒定的体积和温度下，那么，环境的熵变可以用系统内能的变化来表达。这是因为在恒定体积下，一个封闭系统中，内能发生变化的唯一方式是与环境交换热量，而那个热量是使用克劳修斯熵的表达式计算的环境熵的改变量。

当一个定容封闭系统的内能变化为ΔU时，全部的能量变化必定是由其与周围环境的热交换所导致的。如果系统的内能增加（例如，如果$\Delta U = +100$ J），那么，必须从周围环境流入与ΔU相等的热（即100 J）。周围环境将以热的形式损失这些能量，因此，它们的熵减少$\Delta U/T$。如果系统的内能减少，那么ΔU为负（例如，如果$\Delta U = -100$ J），相同数量的热（即100 J）将流入周围环境，它们的熵因此增加$\Delta U/T$。因此，无论哪种情况，宇宙的总熵变化都是ΔS(总)$= \Delta S - \Delta U/T$，其中ΔS是系统熵的变化。这个表达式的形式只反映了系统属性。接下来我们将使用形式为$-TS$(总)$=\Delta U-T\Delta S$的表达式，这是通过将两边同时乘以$-T$，并在右侧改变项的顺序得到的。

为了简化计算，我们引入了系统内部能量和熵的组合。该组合被称为亥姆霍兹自由能（Helmholtz energy），用A表示，并定义为$A=U-TS$。这是以德国生理学家和物理学家赫尔曼·冯·亥姆霍兹（Hermann von Helmholtz，1821—1894年）的名字命名的。他曾提出了能量守恒定律，并在感觉科学、色盲、神经传导、听觉和热力学等方面做出了其他重要贡献。

在恒温条件下，亥姆霍兹自由能的变化来自内能和熵的变化，即$\Delta A=\Delta U-T\Delta S$，这与我们刚刚发现的$-T\Delta S$(总)完全相同。因此，当温度和体积保持不变时，$A$的变化只是宇宙总熵变化的一种变形。这个结论的重要含义是：自发变化对应于宇宙总熵的增加，因此，只要我们将注意力限制在恒温和恒容条件下的过程中，自发变化就对应于系统亥姆霍兹自由能的减少。将条件限制在恒温和恒容条件下，我们就能够仅通过系统的属性——内能、温度和熵来表达自发性。

在日常世界中，物体自然趋向于下落而不是上升，因此，我们会很正常地认为自发变化对应于某种量的减少。然而，不要被熟悉的日常经验所误导：A自然的趋向减少只是人为定义的结果。因为亥姆霍兹自由能是宇宙总熵的“伪装”版本，从“总熵增加”到“亥姆霍兹自由能减少”的方向变化仅仅是A定义方式的体现。如果你在不考虑其推导的前提下检查ΔA的表达式，你会发现，当系统内能的改变量ΔU为负数（即系统内部能量下降），而系统的熵变ΔS为正数时，ΔA的值为负数。但你不能因此得出系统倾向于低内能和高熵的结论，因为负的ΔU有利于自发性变化的事实源于其代表环境熵的贡献（通过$-\Delta U/T$计算）。在热力学中，自发变化的唯一标准是宇宙总熵的增加。

除了作为自发变化的标志外，亥姆霍兹自由能还有另一个重要的作用：它告诉我们，在恒温条件下，进行的任何过程可以提取的最大功。这很容易理解：根据熵的克劳修斯表达式（$\Delta S = q_{可逆过程}/T$，去分母可得$q_{可逆过程} = T\Delta S$），$T\Delta S$是在可逆过程中传递给环境的热量，但ΔU等于与环境进行热和功“交易”的总和。考虑传递的热量后，剩下的差异$U - TS$是仅由于做功而产生的能量变化。因此，A也被称为“功函数”，并给定符号A（因为德语单词“Arbeit”表示“工作”）。尽管如此，A通常被称为自由能，表明它所指示的系统中可用于做功的能量。

当我们考虑亥姆霍兹自由能的分子本质时，上面这一点会变得更加清晰。正如我们在第二章中所见，功是环境中均匀一致的运动，例如将一个物体的所有原子向同一方向移动。在$A = U - TS$的定义中，TS项具有能量的量纲，可以被视为：在总能量为U的系统中，以无序方式储存的能量的度量。因此，差值$U - TS$是以有序方式储存的能量。我们可以认为，只有以有序方式储存的能量，才能用于在环境中引发有序运动（即做功）。因此，总能量和“无序”能量之间的差值$U - TS$，是可以被自由地用于做功的能量。

更准确地理解亥姆霍兹自由能的一种方法是，考虑其值的变化意义。假设，在一个系统中发生了某个过程，这导致内能改变ΔU，并恰好对应熵的减少，因此，ΔS是负的。只有当环境中的熵增加足以补偿ΔS时，这个过程才可能是自发的，并且能够做功，如图15。当系统释放的能量能够导致熵的变化，从而实现一个大小为ΔS的熵增加，这意味着一部分内能的变化必须以热量的形式释放出来。要实现这种熵增加，根据克劳修斯表达式，系统必须释放一个大小为$T\Delta S$的热量，因此，只有$\Delta U - T\Delta S$可以被释放为功。

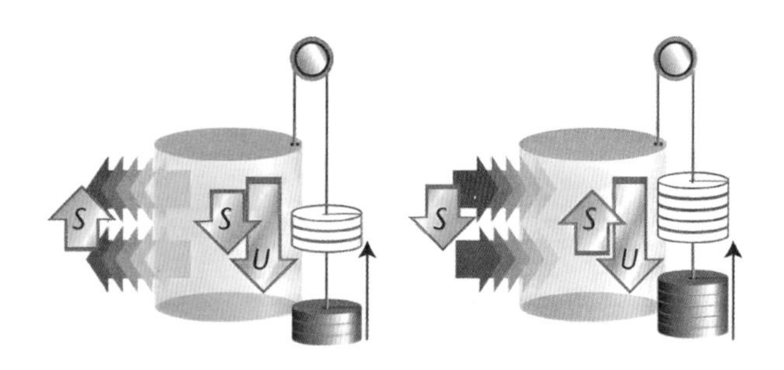

图15 做功的“税费”与“退款”

左图中，系统发生了一种过程，导致内能变化ΔU和熵减少。为了在周围环境中产生补偿的熵，能量必须以热量的形式流失到周围环境，因此，能被释放用于做功的能量少于ΔU。右图中，系统发生了熵增的过程，热量可以流入系统中，但仍对应于总熵的增加，因此，可以被释放为功的能量超过ΔU。

根据这个讨论，热量$T\Delta S$是环境要求系统支付的一种“税费”，以弥补系统熵的降低，只有$\Delta U - T\Delta S$对应的能量才能作为系统释放的功。然而，假设在过程中系统的熵恰好增加，那么说明过程已经是自发的，无需向环境支付任何“税费”。实际上，情况会更好，因为环境可以向系统供应能量，并以热的形式输入，而环境可以容忍熵的减少，因为整个宇宙的熵仍然会增加。换句话说，系统可以得到“退税”。这种作为热流入的能量增加了系统的内能，与没有能量增加的情况相比，系统可以做更多的功。这也是亥姆霍兹自由能的定义所体现的：当ΔS为负时，$-T\Delta S$是一个正的量，它会使ΔU增大而不是减少，这样ΔA就大于ΔU。在这种情况下，相比只考虑ΔU，我们可以获取更多的功。

一些数字可以让这些考虑更具现实意义。当燃烧1L汽油时，它会产生二氧化碳和水蒸气。内能的变化是33 MJ（1 MJ=10^6 J），这个数字告诉我们，如果燃烧发生在恒定体积下（一个坚固的封闭容器中），那么33 MJ将作为热被释放出来。焓变化比内能变化少了0.13 MJ，这个数字告诉我们，如果燃烧发生在一个向大气敞开的容器中，那么释放出的热量会略少于33 MJ（实际上是少了0.13 MJ）。注意，第二种方式释放的热量更少，因为0.13 MJ的能量已经被用来推开大气以给气态产物留出空间，所以，产生的热量更少。燃烧伴随着熵的增加，因为产生的气体比消耗的气体更多（每消耗25个O_2分子，会产生16个CO_2分子和18个H_2O分子，净增加9个气体分子），可以计算出$\Delta S = +8\ \mathrm{k\cdot J\cdot K^{-1}}$。由此可知，系统的亥姆霍兹自由能变化为−35 MJ。因此，如果燃烧发生在发动机中，则可以获得的最大功为35 MJ。请注意，这比ΔU的值要大，因为，系统熵的增加开启了热量作为“税收退款”流入系统的可能性。虽然在大气中导致了相应的熵减少，但总熵的变化仍然为正。也许令人耳目一新的是，您开车每行进一公里都可以获得一笔“退税”，但这是大自然的“退税”，而不是财政大臣的。

吉布斯自由能

我们迄今为止的讨论涉及了所有种类的功。在许多情况下，我们并不关心膨胀功，而是关注，例如可以从电化学电池中以电能提取的功，或者我们在移动时肌肉所做的功。正如，当膨胀功不是我们关注的量时，焓（$H = U + pV$）自动考虑膨胀功一样，我们可以定义另一种自由能——自动考虑膨胀功并将我们的注意力集中在非膨胀功上——吉布斯自由能。吉布斯自由能用G表示，定义为$G = A + pV$。这一属性以约瑟夫·威拉德·吉布斯（Josiah Willard Gibbs，1839—1903年）的名字命名，他被公认为是化学热力学的创始人之一。他一生在耶鲁大学工作，并在以沉默、含蓄而闻名。他丰富而细致的工作成果发表在了我们现在看来仍很晦涩的期刊《康涅狄格科学学院汇刊》上。这些成果直到后来由他的继任者进行解释，才得以认可。

与ΔA告诉我们在恒定温度下一个过程可能做的功的多

少类似，吉布斯自由能的变化ΔG告诉我们，在恒定温度和压力下一个过程能做的非膨胀功是多少。就像不可能对焓给出分子解释一样——焓实际上只是一个巧妙的“会计”工具——也不可能对吉布斯自由能的分子本质给出简单的解释。对于我们要达成的目的来说，将其视为类似于亥姆霍兹自由能的属性就足够了。它是表征以有序的方式存储并因此可以自由地用于做功的能量的度量。

这个类比中还有一点需要注意。正如，在恒定体积和温度下，一个过程的亥姆霍兹自由能变化是宇宙总熵变的一种隐晦表达式［记住$\Delta A = -T\Delta S$(总)］——其中自发过程以A的减少为特征，那么，在恒定压力和温度下，一个过程的吉布斯自由能变化可以被视为宇宙总熵变的另一种表达式：$\Delta G = -T\Delta S$(总)。因此，在恒定压力和温度下，一个过程自发进行的判据是ΔG为负。

在恒定体积和温度下，如果一个过程对应于亥姆霍兹自由能的下降，那么，该过程是自发的。

在恒定压力和温度下，如果一个过程对应于吉布斯自由能的下降，那么，该过程是自发的。

在不同种情况下，自发性的根源都是宇宙熵的增加，但是上述情况，我们都可以仅通过系统的某种属性来表达这种增加，而无需对环境做特殊计算。

吉布斯自由能在化学和生物能量学（研究生物体内的能量利用）领域中具有最重要的意义。化学和生物学中的大多数反应过程都是在恒定温度和压力下发生的，因此，要确定它们是否自发，并能否产生非膨胀功，需要我们考虑吉布斯自由能。事实上，当化学家和生物学家们使用“自由能”这个术语时，他们几乎指代的就是吉布斯自由能。

结冰的热力学

这里将讨论三个应用。第一个应用是相变的热力学描述（“相”是给定物质的形态，比如，水的固态、液态和气态）；第二个应用是一种反应推动另一种反应在其非自发方向上进行反应的能力（例如，食物在体内代谢，驱动我们行走或思考）；第三个应用是化学平衡的达成（例如，电池电量耗尽）。

纯净物的吉布斯自由能随温度升高而降低，我们可以通过定义 $G = H - TS$ 来看出这个结论。其中需要注意到，纯净物的熵通常为正值。因此，随着温度的升高，TS 变得越来越大，从焓 H 中减去的也就越来越多，导致 G 逐渐降低。例如，100 g液态水的吉布斯自由能随着温度的变化情况如图16所示。图中对应标记为液态水的实线。冰的吉布斯自由能变化情况与之类似。但是，100 g冰的熵比100 g水的熵要低——固体分子比构成液体的混乱分子更有序——因此，吉布斯自由能下降的速度不如液态那么快。如图16所示中，标有固态冰的实线。100 g水蒸气的熵比液态水的熵大得多，因为气体分子占据了更大的体积，并在其中随机分布。因此，随着温度的升高，水蒸气的吉布斯自由能下降得非常快。如图16所示中，标有气态水蒸气的实线。在低温下，我们可以确定固体的焓低于液体（因为熔化固体需要能量），液体的焓低于气体（因为汽化液体需要能量）。这就是为什么我们要从它们在图16左端的相对位置开始绘制吉布斯自由能的原因。

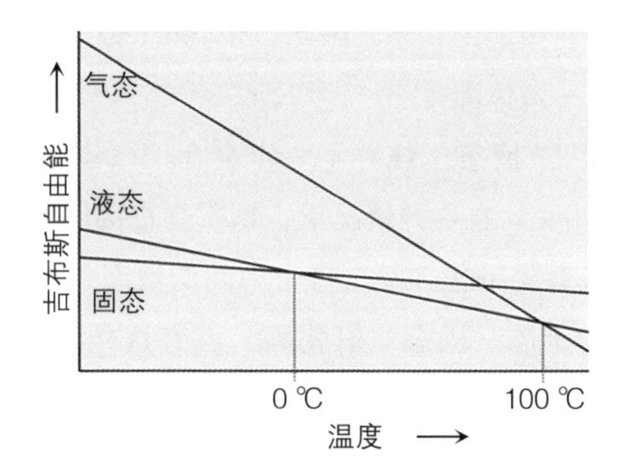

图16 物质的三种不同相在温度升高时的吉布斯自由能下降曲线

最稳定的相对应于最低的吉布斯自由能，因此，固态在低温下最稳定，然后是液态，最后是气态（蒸气）。如果气相线太过陡峭，它可能会在液相线之前与固相线相交，在这种情况下，液态永远不是稳定相，而固态会直接升华成为气态。

一个重要的特征是，尽管在低温下液态水的吉布斯自由能高于固态水，但两条线在特定温度（常压条件下在0℃，273K）相交，从那里开始，液态水的吉布斯自由能比固态水低。我们已经看到：在恒定压力下，自发的变化是降低吉布斯自由能（对应于更大的总熵）。因此，我们可以推断，在低温下水的固态是最稳定的形式，但是一旦温度达到0 ℃，液态变得更稳定，固态水自发地融化。

液态的吉布斯自由能可以保持在三种相中最低，直到气态吉布斯自由能急剧下降的实线与之相交。对于水而言，在常压下，这个交点出现在100 ℃（373 K）。从这个温度开始，水的气态成为最稳定的形式。系统会自发地降到具有更低吉布斯自由能的状态。因此，在100 ℃以上，水的汽化是自发的——液体沸腾。

有时候，“液态”线并不一定会在“气态”线之前与“固态”线相交。在这种情况下，物质会直接从固态转变为气态，而不会先融化并经历一个中间的液态相。这个过程称为升华。干冰（固态二氧化碳）就有这样的升华过程，它会直接转变为二氧化碳气体。

所有相变都可以用类似的热力学方式表达，包括熔化、凝固、凝结、蒸发和升华。更详细的论述我们还可以用来讨论压力对相变温度的影响。因为压力以不同的方式影响着吉布斯自由能与温度的关系曲线，并使其交点的位置相应地移动。压力对水的吉布斯自由能曲线的影响解释了一个我们熟悉的例子，即在足够低的压力下，水的“液态”线不会在其“气态”线之前与“固态”线相交，压力会导致冰的直接升华。这就解释了，干燥的冬天的早晨，霜的消失——由于水蒸气分压很低，冰直接升华了。

以吉布斯自由能为生

我们的身体依赖于吉布斯自由能维持。构成生命的许多过程都是非自发反应，这就是我们死亡后身体会分解和腐烂的原因——这些维持生命的反应不再继续。举个简单的例子，构建蛋白质分子需要将许多氨基酸分子以精确可控的顺序串联起来。构建蛋白质不是自发过程，因为其必须从无序中创造秩序。然而，如果将构建蛋白质的反应与一个强烈的自发反应相连，后者就可以驱动前者。就像发动机中的燃料燃烧可以用来驱动发电机产生有序的电子流（电流）一样。一个有助于理解的比喻是，将轻重物耦合在一起，让重物在下降时提起较轻的物体（见图17）。

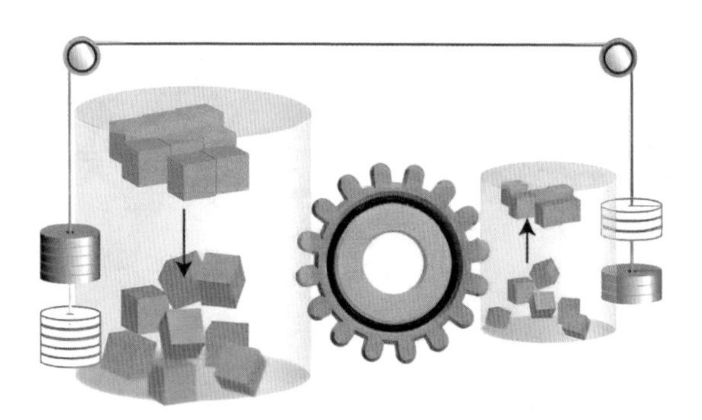

图17 一个过程驱动另一个过程的能力

一个对应能量大幅增加的过程（图中左侧，对应了无序的增加），能够推动另一个过程，让有序从无序中涌现（图中右侧）。这类似于重物体下落提起较轻物体的情况。

在生物学中，一个非常典型的"重物下落"反应与三磷酸腺苷（ATP）分子有关。这种分子由一个臃肿的头部和三个交替排列的磷和氧原子集团的尾部组成（这就是为什么其名称中有"三"和"磷酸"）。当它与水反应，切断一个末端的磷酸基团（如图18），形成二磷酸腺苷（ADP）时，吉布斯自由能显著下降。部分原因是，基团从分子链中释放时带来的熵增。体内的酶利用这种吉布斯自由能的变化——类似下落的重物——来使氨基酸彼此链接，逐步构建一个蛋白质分子。将两个氨基酸链接在一起需要大约3个ATP分子的努力，因此，构建一个约由150个氨基酸组成的典型蛋白质，需要释放约450个ATP分子的能量。

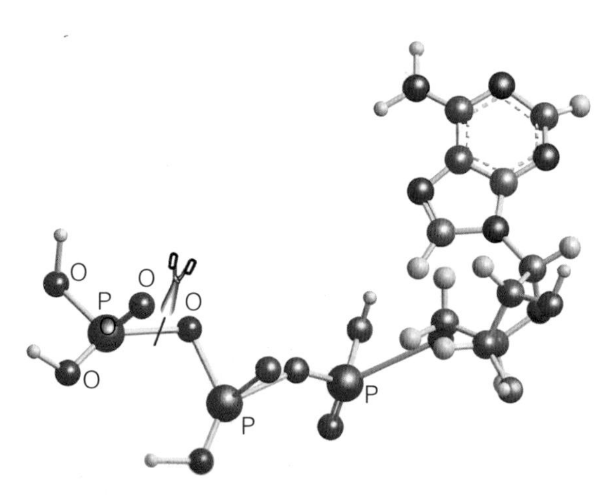

图18　ATP的分子模型

图中标出了一些磷（P）和氧（O）原子。当在图中剪切线所示位置切断末端的磷酸基团时，能量会被释放。产生的ADP分子需要通过消化和代谢过程中的反应，重新添加磷酸基团来"充电"。

ADP分子是“死亡的”ATP分子的残骸，它们价值巨大，不能随意丢弃。它们通过与释放更多吉布斯自由能的反应（充当更重的重物）耦合，重新链接成一个磷酸基团，从而转化为ATP分子。这些“重物下落”反应是我们需要定期摄入食物进行新陈代谢。这些食物可能是由释放更多吉布斯自由能的其他反应所驱动产生的物质，最终，是由太阳上发生的核反应所驱动的。

化学平衡

我们最后展示一个吉布斯自由能实用性的例子，其在化学中具有至关重要的意义。关于化学反应有一个众所周知的特征，它们都会进行到一种被称为“平衡”的状态，其中一些反应物（初始材料）仍然存在，而反应似乎已经停止了，尽管并未将所有反应物都转化为产物。在某些情况下，平衡态的组成几乎是纯产物，这种反应被称为完全反应。尽管如此，在这种情况下，每千万个产物分子中仍有一两个反应物分子。氢气和氧气爆炸反应生成水就是一个例子。另一方面，有些反应似乎根本就没有进行。尽管如此，在平衡态时，每千万个反应物分子中仍然存在一两个产物分子。金在水中的溶解就是一个例子。许多反应介于这两个极端之间，反应物和产物都很丰富。化学中一个非常有趣的问题是，解释平衡相对应的组分构成以及它如何响应反应条件，例如温度和压力。关于化学平衡的一个重点是，当达到平衡时，反应并不是陷入停滞。在分子层面上，一切都是混乱的——反应物转化为产物，产物分解为反应物，但两个过程的速率相匹配，因此，没有净变化。化学平衡是动态平衡，因此，它仍然对反应条件敏感，而不是死水一潭。

吉布斯自由能是关键。我们再次注意到，在恒定温度和压力下，系统倾向于朝着吉布斯自由能减小的方向变化。在将它应用于化学反应时，我们需要知道反应后混合物的吉布斯自由能取决于混合物的组成。这种依赖性有两个来源：一个是纯反应物和纯产物的吉布斯自由能不同——随着组成从纯反应物变为纯产物，吉布斯自由能从一个值变为另一个值；另一个是反应物和产物的混合，它是对系统熵的一项贡献，因此，基于$G = H - TS$，它也是对吉布斯自由能的一项贡献。这种贡献在反应物和产物是纯反应物和纯产物的情况下为零（因为没有什么可以混合），在反应物和产物都很充足且混合充分时达到最大值。

考虑到这两个贡献，可以发现吉布斯自由能在反应进行到中间某种程度时会经过最小值。此时的成分组成对应着平衡态。最小值左侧或右侧的任何成分组成，都有更高的吉布斯自由能。系统会自发地趋向迁移到具有更低吉布斯自由能的状态，达到对应于混合物组成的平衡态。如果组成成分处于平衡状态，则反应没有朝任何方向进行的趋势。在一些情况下（图19），最小值位于紧靠左端的位置，非常靠近纯反应物，只有很少的产物分子形成时吉布斯函数就已经达到最小值（如金在水中的溶解）。在另一些情况下，最小值位于紧靠右端的位置，在达到最小值之前必须消耗几乎所有的反应物（如氢和氧反应）。

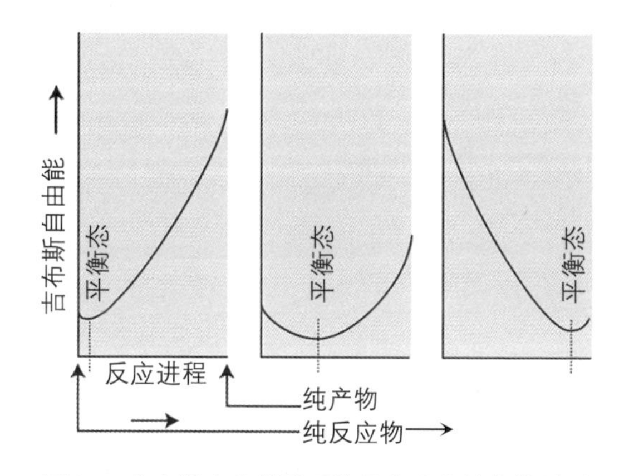

图19　吉布斯自由能随系统组分改变的变化关系

随着反应进行，混合物从纯反应物变为纯产物，系统的吉布斯自由能发生变化。在每种情况下，平衡组成成分位于曲线的最小值处，这表明反应已经达到平衡状态，不会再出现进一步的净变化。

化学反应达到平衡态的一个日常例子是耗尽的电池。在电池中，一种化学反应是：通过在一个电极上存储电子，并从另一个电极上提取电子，来驱动电子通过外部电路。这个过程在热力学意义上是自发的。我们可以想象，这个过程的发生伴随着被密封在电池中的反应物转化为产物，电池中的成分组成如图19中所示一样从左向右迁移，系统的吉布斯自由能下降，并在适当的时候达到最小值。此时化学反应已经达到了平衡态，它没有进一步转化为产物的倾向，因此，也没有继续驱动电子通过外部电路的倾向。反应已经达到了其吉布斯自由能的最小值，电池——而非内部仍在进行的反应——已经耗尽。

第五章

热力学第三定律

ABSOLUTE
ZERO

绝对零度不可到达

我已经介绍了温度、内能和熵。基本上，整个热力学可以用这三个量来表达。我还介绍了焓、亥姆霍兹自由能和吉布斯自由能，但它们只是方便计算的工具，不是新的基本概念。热力学第三定律跟前三个定律并不真正属于同一类，有人认为它根本不是热力学定律。首先它并不启发人们引入一个新的热力学函数，但是，它确实使热力学理论的应用成为可能。

关于第三定律的线索已经在第二定律的结果中出现了，在那里我们探讨了它对制冷的影响。我们看到，制冷机的性能系数取决于我们要冷却的物体的温度和周围环境的温度。随着冷却物体的温度接近于零，性能系数会降至零。也就是说，随着被冷却物体温度接近于绝对零度，我们需要做越来越多的功从而将物体中的能量以热量的形式移除。

在讨论热力学第二定律时，我们可以看到另一个关于第三定律本质的线索。我们已经知道了熵的定义有两种方法：一种是热力学方法，由克劳修斯定义；另一种是统计学方法，由玻尔兹曼公式定义。它们并不完全相同——热力学定义的是关于熵的变化，而统计学定义的是绝对熵。

后者告诉我们，一个完全有序的系统——即没有位置无序和热扰动的系统，简而言之，处于非简并基态的系统——其熵为零，而不论物质的化学成分；但前者则留下了，熵在 $T=0$ 时有非零值的可能，并且不同的物质在该温度下具有不同的熵值。

第三定律是确认玻尔兹曼表述和克劳修斯表述所指向的同一性质的最后一个环节。它证明了通过热力学计算的熵变可以作为系统无序改变程度的度量（关于无序见第三章）。它还可以通过热力学测量获得的数据（例如热容）来预测反应平衡时系统的组成。第三定律也有一些令人讨厌的含义，特别是对于那些追求极端低温的人。

极低温

在传统的热力学中，我们通常关注于观测目标系统的周围环境，而不是观测系统本身，或者说，我们至少在一开始不会考虑对系统分子结构的任何认知或先入为主的看法。也就是说，为了建立一个古典热力学定律，我们需要完全以现象学的方式进行探究。

当物质被冷却到极低温度时，将发生一些有趣的现象。例如，超导性最初的版本——某些物质具有零电阻导电的能力——是在人们成功将物质冷却到液态氦的温度（约为4 K）后发现的。液态氦本身表现出了超流的非凡特性，即在温度降至约1 K时，能够在没有黏性的情况下流动，并且能够爬过盛放它的容器。由于绝对零度的存在，其中一个挑战是将物质冷却到绝对零度。而另一个我们将来还会遇到的挑战则是探索是否有可能——或者是否有意义——将物质冷却到低于绝对零度的温度，或者说，突破绝对零度的限制。

将物质冷却到绝对零度的实验被证明非常困难。这不仅仅是因为当物体的温度接近零度时，需要做的功越来越多。最终，人们承认使用传统的热技术，也就是我们在第三章中讨论热机设计时引入的制冷器，是不可能达到绝对零度的。这一经验观察形成了热力学第三定律的现象学表述：

> 任何有限步（次）的循环过程都无法使物体冷却到绝对零度。

这是一种否定性的陈述。但我们已经看到，第一和第二定律也可以使用否定表述（在孤立系统中内能不发生变化；没有热汇的热机无法运行等等），这并没有削弱其含义。请注意，它指的是循环过程：有可能存在其他类型的过程可以将物体冷却到绝对零度，但达到绝对零度时，装置不会处于它初始的状态，也就是说这不是循环过程。

你可能还记得在第一章中，我们引入了物理量β作为温度更自然的度量$[\beta = 1/(kT)]$，其中绝对零度对应于无穷大的β。正如在我们已经阐述的第三定律中，在一个使用β表达温度的世界里，这似乎是显而易见的，因为它变成了

"没有有限的循环过程可以将物体冷却到无限大的β"。这就像是说，没有有限长的梯子可以用来达到无限的高度。第三定律的含义可能比表面上看起来更加丰富。

逼近零温

否定语也可能有非常积极的含义，前提是我们要仔细思考这些含义。在这种情况下，从否定转向"积极含义"的途径是熵——我们需要考虑第三定律对熵的热力学定义的影响。为此，我们需要思考如何达到低温。

假设，构成系统的每个分子都只拥有一个电子，我们需要知道单独的电子具有的自旋属性。基于此，我们可以将其看作实际的旋转运动。根据量子力学，电子以固定的速率"旋转"，可以是顺时针也可以是逆时针旋转。这两种自旋状态被表示为↑和↓。电子的自旋运动会产生一个磁场，我们可以将单个电子的行为视为微小的条形磁铁，而这种微小的条形磁铁只有两种朝向。在外加磁场的情况下，这两种自旋状态对应条形磁铁的两种朝向，具有不同的能量。可以使用玻尔兹曼分布来计算给定温度下其布居数的微小差异。在室温下，能量更低的↓自旋的数量将略多于能量稍高的↑自旋。如果我们能够设法将一些↑自旋转化为↓自旋，则布居数差异对应于较低的温度，我们将冷却样品；如果我们能够设法使所有自旋都处于↓，那么我们将能够达到绝对零度。

在室温和无磁场的条件下，我们将样品表示为 ... ↓↓↑↓↑↑↓↓↓↑↓ ...，其↓自旋和↑自旋的分布具有随机性。这些自旋样品与样品中的其余部分热接触，并具有相同的温度。现在，我们在样品与周围环境保持热平衡的情况下添加磁场。由于样品可以向周围环境释放能量，电子自旋的分布可以调整，样品变为 ... ↑↓↓↑↓↓↓↑↑↓↑ ...，其中↓自旋略多于↑自旋。自旋排列对熵有贡献，因此，我们可以得出结论：由于自旋分布比最初时的随机性弱（因为我们可以确定，在随机选择中会获得更多的↓自旋），样品的熵就降低了（图 20）。也就是说，通过增加磁场，并允许电子自旋重新排列释放能量，样品的熵降低了。

现在考虑，当我们将样品与周围环境热隔绝，并逐渐将外加磁场减小至零时，会发生什么。我们在第一章中已经看到，当一个过程在没有热量转移的情况下发生时，其被称为绝热过程。因此，这一步是所谓的“绝热退磁”步骤，同时也是该过程得名的原因。由于该过程是绝热的，因此，整个样品（包括自旋及其周围环境）的熵保持不变。电子自旋不再受到磁场的影响，因此，它们会恢复到最初更高熵的随机排列，如 ... ↓↓↑↓↑↑↓↓↓↑↓ ...。然而，由于样品的总熵没有改变，携带电子的分子的熵必须降低，这意味着温度降低了。等温磁化后进行的绝热退磁，使样品冷却了。

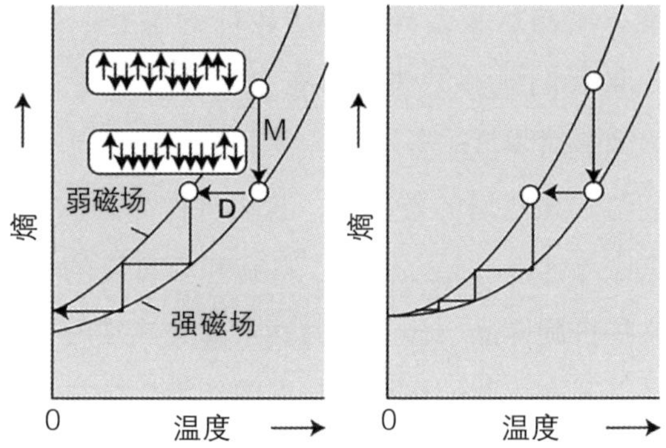

图20　用于降低温度的绝热退磁过程

箭头表示样品中电子自旋的方向。第一步（M）是等温磁化，可以使自旋对齐，第二步（D）是绝热退磁，保持熵不变，从而相应地降低温度。如果两条曲线在 T=0处没有相交，就可以将系统温度降低到绝对零度（如左图所示）。而有限步的一系列循环无法将温度降低到绝对零度（如右图所示），这意味着两条曲线在 T=0处相交。

接下来，我们重复这个过程。我们等温地磁化新冷却的样品，将其隔热，并绝热地降低磁场。这个循环可以使样品的温度再降低一些。原则上，我们可以重复这个循环过程，逐渐将样品冷却到所需的任何温度。

然而，此时第三定律就像脱去了羊皮的狼，开始显露出它的威力。如果在开启和关闭磁场的情况下，物质的熵如图20中左图所示，那么，理论上我们可以选择一系列循环过程，在有限的步骤中将样品冷却到 $T = 0$。然而，目前还没有证据证明有可能通过这种方式达到绝对零度。这意味着熵的表现不像左图所示，而必须像右图所示那样，在 $T = 0$

处两条曲线重合。

还有其他的过程，我们可以设想用其循环过程来达到绝对零度。例如，我们可以取一种气体，将其等温压缩，然后允许其绝热膨胀到初始体积，气体的绝热膨胀会做功，并且由于没有热量进入系统，内能降低。正如我们已经知道的，气体的内能主要来自其分子的动能，因此，绝热膨胀必然导致分子减速，从而降低温度。乍一看，我们有可能期望通过重复这种等温压缩和绝热膨胀的循环，将温度降至零度。然而，事实证明，随着温度的降低，绝热膨胀对温度的影响会减弱，因此，使用这种技术的可能性受到了限制。

还有一种涉及化学反应的更为复杂的技术：利用反应物A生成产物B，找到一个绝热路径以重新生成A，然后继续这个循环。然而，经过仔细分析后发现，这种技术仍然无法达到绝对零度，因为随着温度逐渐趋于零，A和B的熵趋于相等。

这些方法的共同问题在于，当温度接近绝对零度时，物质的熵会收敛于相同的值。因此，我们可以用更为精确的熵的概念来表述第三定律：

> 对于每一种纯净、完美的晶体物质，当温度趋近于零时，它们的熵都会趋向于相同的值。

请注意，实验证据和第三定律并不告诉我们，在$T = 0$时物质的熵的绝对值。该定律暗示的是：只要物质有非简并基态，就会在$T = 0$时拥有相同的熵，没有类似“冰”那种因位置无序导致的剩余有序性。然而，选择将所有完美晶体物质的熵的共同值定义为零是方便和明智的。因此，我们得出了第三定律的常规熵陈述：

所有完美晶体物质在$T = 0$时的熵为零。

第三定律并没有引入新的热力学函数，因此，它与其他三个定律不属于同一类，它只是暗示了：不同于时空的相对性，这里的熵具有一个绝对的坐标。

一些技术性的讨论

乍一看，第三定律似乎只对那些极少数致力于创造低温纪录的人有意义（顺便提一句，当前，固体的最低温纪录为0.000 000 000 1 K，气体的最低温纪录为0.000 000 000 5 K——在这种温度下，分子移动得极慢，它们要花费30秒才能移动2.5厘米）。与热力学的另外三个定律相比，第三定律似乎与我们的日常生活毫无关系。

第三定律对日常生活的确没有产生什么紧要的影响，但对那些在实验室中工作的人，却有着极大的影响。首先，它破坏了科学中最珍视的一个理想模型，即理想气体不存在。理想气体——一个可以被看作是由独立混沌运动的分子组成的流体，是热力学中很多讨论和理论公式的起点。但第三定律排除了它在$T = 0$时的存在性，虽然，具体的论证过于专业，不便在这里赘述，但我们知道这都源自在$T = 0$时熵的消失。这个热力学定律看似对热力学自身的组织架构会产生致命的打击，但是有技术方法能修正这个问题。所以，热力学的学科体系依然是健全的。另一个技术成果是热力学在化学中的一个主要应用。人们可以通过测量不同温度下反应物和生成物混合体的比热容来计算化学反应的平衡成分组成，从而确定反应是否可能成功，并优化其在工业上的实现条件。第三定律是这个应用的关键。如果物质在绝对零度下的熵不同，这个应用就无法实现。

绝对零温以下

绝对零度在某种意义上是无法达到的。第三定律表明，保持热平衡并且保持循环的过程，是无法达到绝对零度的。但不应过分解读它，因为这也意味着，有可能存在非循环的过程可以达到绝对零度。一个有趣的问题是，能否有可能设计出特殊的技术，将样品带到绝对零度的另一侧，即“绝对”温度为负的一侧。尽管这是一个含糊的概念。

为了理解一个物体的温度“低于绝对零度以下，甚至低于它的最低可能值”，我们需要回顾第一章中提到的参数 T。该参数出现在玻尔兹曼分布中，用于指定可用能级的粒子数。在最简单的实践中，最容易实现的情况是考虑一个只有两个能级的系统，即系统只包含基态和高于基态的第二个能级。磁场中的电子自旋就是一个实际的例子，这已经在本章中提到过。由于这两种自旋状态对应于条形磁铁的两种相反的朝向，因此，它们在磁场中具有两种不同的能量。

根据玻尔兹曼分布，在所有有限温度下，低能量状态（↓状态）中的电子数量将多于高能量状态（↑状态）中的电子数量。在 $T = 0$时，所有电子都将处于基态（所有电子都是↓），熵为零。随着温度升高，电子将逐渐转移到高能量状态，内部能量和熵都将增加。当温度变为无限大时，电子会平均分布在两个状态中，一半的电子为↓，另一半为↑。此时熵达到其最大值，根据玻尔兹曼公式，这个值与log2成正比。

顺便提一下，无限高的温度，并不意味着所有的电子都处于高能量状态——在无限高的温度下，两种状态的电子数量相等。这是一个普遍的结论：如果一个系统具有多个能级，那么当温度趋于无限高时，所有状态将被均匀地占据。

假设温度 T 为负数，当在玻尔兹曼分布中给 T 一个负值时，例如为 −300 K，我们发现，预测的高能级的粒子数要大于低能级的粒子数。例如，如果在300 K时高能级和低能级的粒子数比例为1 ∶ 5，那么将 T 设为 −300 K，会得到5 ∶ 1这个比例，高能级中的电子自旋数量是低能级中的五倍。将T设为$-200\,\mathrm{K}$时，比例为11 ∶ 1；将T设为$-100\,\mathrm{K}$时，比例为125 ∶ 1；在T为$-10\,\mathrm{K}$时，高能级的粒子数接近低能级粒子数的10^{21}倍。我们注意到，随着温度从负无穷逐渐接近零（$-300\,\mathrm{K}$、$-200\,\mathrm{K}$、$-100\,\mathrm{K}$等），粒子几乎全部迁移到上能级。事实上，在温度接近零时，粒子完全在上能级。在温度刚刚高于绝对零度时，粒子就完全占据在低能级上了。我们已经看到，随着温度从零上升到无穷大，粒子从低能级迁移到高能级，两个能级的粒子数变得相等。随着温度从零降到负无穷，粒子从高能级迁移到基态，并且在负无穷时，粒子数再次相等。

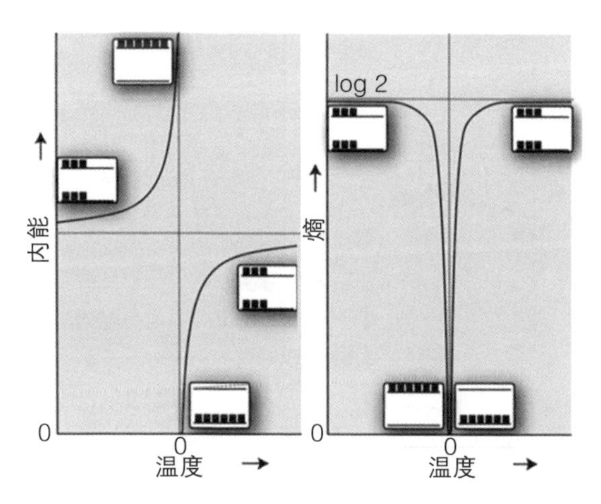

图21 二能级系统的内能（左图）和熵（右图）的变化

这两个物性的表达式可以用来计算其在负温度时的值，如左侧插图所示。当温度略高于0 K时，所有分子都处于基态（低能级）；当温度略低于0 K时，所有分子都处于激发态（高能级）。当温度趋于正无穷或负无穷时，两个能级的粒子占据数变得相等。

我们在第一章中看到，逆温度$\beta = 1/(kT)$，是比温度T本身更自然地度量温度的量。当我们不是根据T绘制如图21所示的“能量–温度”图，而是根据β绘制时，我们会得到如图22所示的一个漂亮平滑的曲线，图像不会在$T = 0$处出现的跳跃。你还应该注意到，在高β值时，有一个很长的范围，对应着非常低的温度。因此，当温度接近零时，有足够的空间进行许多有趣的物理研究，这不应该令人惊讶。但是，我们现在仍然只能使用不方便的T，而不是更方便的逆温度β。

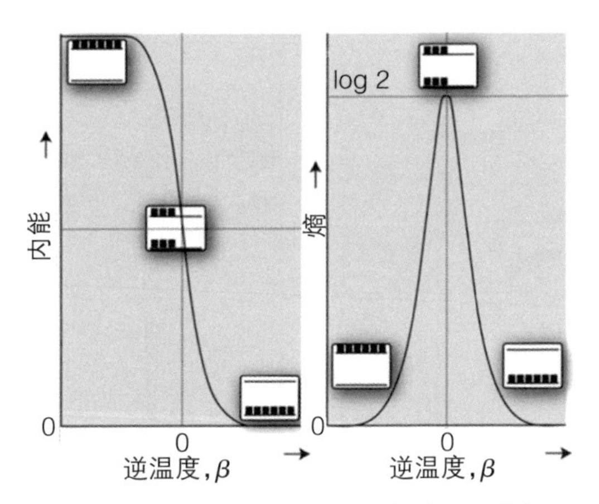

图22　合理的温度定义与内能的平滑改变

与图21中的系统相同，但是横坐标是逆温度β而不是温度T。在整个范围内，内能都会平滑改变。

如果我们能设计出一个系统，其中↑（激发态）电子比↓（基态）电子多，那么根据玻尔兹曼分布，我们可以将其归因为负温度。因此，如果我们能够设计出一个系统，其中↑电子数是↓电子数的5倍，那么，对应于我们在前面的讨论中假设的能量差异，我们将得到此时的温度为 –300 K。如果我们成功设计出一个↑电子数与↓电子数为11 ∶ 1的比例，那么，温度将对应于 –200 K，以此类推。请注意，设计非常低的温度（接近负无穷大的温度）更容易，因为它们对应于非常微小的布居数不平衡，而大的不平衡则对应于接近零的负温度。如果温度为 –1 000 000 K，那么布居数比例只有1.000 5 ∶ 1，仅相差0.05%。

熵能够反映粒子数分布的变化。因此，随着温度从零升高到无穷大，S的值从零增大到log2（选择适当的单位），而在负无穷温度下，它的值也从零增大到log2。在零的两侧，我们确切地知道，每个电子处于哪个状态（在接近零下方为↑，在接近零上方为↓），因此，$S = 0$。在两端的无穷大，两种状态被等量的占据，因此，随机选择↑和↓具有相等的机会。你应该从β，而不是从T的角度来思考这些数字。

重要的问题是，是否可以设计出热平衡（即满足玻尔兹曼分布）时布居数的反转。确实可以，但不能通过热力学过程实现。有多种实验技术可用于极化一群电子或核自旋，正如极化的含义，这些技术是利用了无线电脉冲。实际上，有一种日常设备利用了负温度——激光器。激光器的基本原理是产生大量处于激发态的原子或分子，然后刺激它们集体步调一致地释放能量。我们提到的电子的↓和↑两种状态可以分别看作是，激光器材料中原子或分子的较低和较高能量状态。激光效应所依赖的布居数反转对应于负温度。我们家中使用的所有配备激光器的设备，例如CD和DVD播放器，都是在负温度下工作的。

负温度热力学

负温度的概念实际上只适用于具有两个能级的系统。要在三个或更多能级上实现由玻尔兹曼分布描述的负温度下的粒子分布，是非常困难且高度人为的。此外，负温度有效地把我们带出了传统热力学的范畴，因为它必须被人为地构造出来，并且通常不会持续很长时间。然而，对形式上的负温度系统的热力学性质进行思考是有可能的，并且很有趣。

第一定律是非常稳固的，其与粒子在不同状态上的分布无关。因此，在负温度区域内，能量是守恒的，内能可以通过做功或利用温差来改变。

第二定律依然存在，因为熵的定义依然适用，但其含义有所不同。因此，假设能量以热的形式离开负温度系统，根据克劳修斯方程，系统的熵会增加。因为能量变化是负值（比如说−100 J），温度也是负值（比如说−200 K），所以，它们的比值是正值［在这个例子中，(−100 J)/(−200 K)= +0.5 $J\cdot K^{-1}$］。我们可以从分子层面理解这个结论：假设有一个二级系统，想象反转粒子数布居具有高能量和低熵，它失去一部分能量而向平衡状态返回，这个平衡状态的熵较高（log2），因此，随着能量的损失，熵增加。同样地，如果能量以热的形式进入负温度系统，系统的熵会减少［如果 100 J 的能量进入 -200 K 温度的系统，则熵的变化为（+100 J）/（-200 K）=-0.5 J·K^{-1}，即减少］。在这种情况下，高能级的粒子数会更加占优势，粒子的分布会变得更加不平衡，直到所有粒子都处于高能级，对应的熵接近于零。

第二定律解释了负温度系统的“冷却”。假设热量离开系统，则它的熵会增加（正如我们刚刚看到的那样）。如果能量进入具有正温度的周围环境，则它的熵也会增加。因此，当热量从负温度区域转移到“正常”的正温度区域时，总熵会增加。一旦第一个系统的粒子数在两个能级上的分布达到均等，我们就可以认为系统具有非常高的正温度——接近无限温度。自此，我们就有了一个与较冷系统接触的通常意义上的极高温系统，热从前者流向后者，熵继续增加。简而言之，第二定律意味着，热量会自发地从一个负温度系统向一个正温度系统传递，并且该过程将持续到两个系统的温度相等为止。这个讨论与传统讨论唯一的区别是，只要一个系统具有负温度，热量就会从温度较低（负）的系统流向温度较高（正）的系统。

如果两个系统都有负温度，热量会从温度较高（负值较小）的系统流向温度较低（负值更小）的系统。为了理解这个结论，可以假设一个系统在 -100 K 时失去了 100 J 的热量，这时熵会增加（-100 J）/（-100 K）=1 J·K^{-1}。如果与此相同的热量被传递到一个温度为 −200 K 的系统中，熵的变化量是(+100 J)/(−200 K)=−0.5 J·K^{-1}，也就是熵减少了。因此，这两个系统的总熵增加了 0.5 J·K^{-1}。热量从 −100 K 的系统流向 −200 K 的系统是自发的。

热机效率是第二定律的直接推论，仍然由卡诺公式（本书第 48 页）定义。卡诺公式为：$\varepsilon = 1 - T_{热汇}/T_{热源}$。但是，如果热汇的温度为负数，那么热机的效率可能大于 1。例如，如果热源温度为 300 K，热汇温度为 −200 K，则效率为 1.67——我们可以从热机中获得比从热源中提取的热量更多的功。额外的能量实际上来自热汇，因为从具有负温度的热源中提取热量会增加其熵。从某种意义上说，当负温度热汇中的反转粒子布居回到平等状态时，释放的能量贡献了热机做的功。

如果热机的热源和热汇温度都为负数，那么效率将小于 1，此时做的功是将从“较暖的”（较低负温度）的热汇中提取的热能转化为能量。

由于系统的热学性质在 $T = 0$ 处的不连续性，现在需要将第三定律的表述做出一些修改。在零度以上的“正常”一侧，我们只需要将该定律的表述修改为“在有限次循环中，不可能将任何系统冷却到绝对零度”。在零度以下的另一侧，该定律表述为“在有限次循环中不可能将任何系统加热到绝对零度”。我怀疑没有人想要尝试这样做！

总　结

我们的旅程已经到达了终点。我们看到热力学是一门涵盖广泛的学科——研究能量的转化，并为我们解释了许多日常世界中最常见的概念，如温度、热和能量。我们看到热力学起源于对宏观物性测量结果的总结，但对其分子解释丰富了我们对这些概念的理解。

前三条定律各自引入了构建热力学理论体系所依赖的热力学属性。第零定律引入了温度的概念，第一定律引入了内能的概念，第二定律引入了熵的概念。第一定律限定了宇宙中能够发生的变化，即那些遵循能量守恒的变化。第二定律从可行的变化中识别出那些自发的过程——有一种趋势可以自然地发生，而不必做额外的功来推动它们。第三定律将热力学的分子描述和实验公式融合在一起，统一了这两个领域。

我一直畏惧涉足两个领域，它们都与热力学相关。目前，我未涉足还没有被完全理解的非平衡热力学领域，这个领域内人们试图推导出关于非平衡过程中的熵产生速率的定律；我也没有探讨信息论领域，其中信息的内容与统计热力学定义的熵密切相关。我还没有提及其他一些对深入理解热力学至关重要的内容，例如热力学定律本质上是基于统计的，特别是第二定律。因此，当分子涨落形成意外的有序排列时，它可能出现短暂的失效。

我试图阐明的是核心概念，这些概念源于蒸汽机的工作原理，但可以延伸到世间万物，包括人的思想和艺术创作。这几个简洁的定律真正驱动着宇宙，触及并照亮我们所知道的一切。

延伸阅读材料

如果你想进一步了解相关内容，我可以提供一些建议。我曾经在 *Galileo's Finger*：*The Ten Great Ideas of Science*（译者注：该书于2018年由湖南科学技术出版社出版）一书中介绍过一些关于“能量守恒”和“熵”的概念，深度与本书差不多，但使用了更少的计算。在 *The Second Law*（W. H. Freeman & Co.，1997）中，我试图通过创造一个可以看见每个原子的微小宇宙，更多地描绘和展示第二定律的概念和含义。更严谨的解释可以在我写的各种教科书中找到。按照复杂性排序这些教科书：*Chemical Principles*：*The Quest for Insight*（with Loretta Jones，W. H. Freeman & Co.，2010），*Elements of Physical Chemistry*（with Julio de Paula，Oxford University Press and W. H. Freeman & Co.，2009）和 *Physical Chemistry*（with Julio de Paula，Oxford University Press and W. H. Freeman & Co.，2010）。

当然，在讲述热力学定律方面也有很多其他精彩的著作。我可以说，其中一个权威的著作是：G. N. Lewis 和 M.

Randall所著的*Thermodynamics*（McGraw-Hill，1923; revised by K. S. Pitzer and L. Brewer，1961）。在我书架上还有其他一些很有用的教科书：J. R. Waldram著述的*The Theory of Thermodynamics*（1985年，剑桥大学出版社出版），B. D. Wood著述的*Applications of Thermodynamics*（1982年，Addison-Wesley出版），N. C. Craig著述的*Entropy Analysis*（1992年，VCH出版），K. G. Denbigh和J. S. Denbigh合著的*Entropy in Relation to Incomplete Knowledge*（1985年，剑桥大学出版社出版），以及B. Widom著述的*Statistical Mechanics：A Concise Introduction for Chemists*（2002年，剑桥大学出版社出版）。

符号和单位索引